U0161600

FENBUSHI GUANGFU FADIAN
BINGWANG JINENG SHIXUN JIAOCAI

分布式光伏发电并网技能实训教材

主　编　谷晓斌　李　鹍
副主编　祝晓辉　刘　哲

中国电力出版社
CHINA ELECTRIC POWER PRESS

内 容 提 要

本书主要内容包括分布式光伏发电系统及主要设备，分布式光伏发电接入系统典型设计，分布式光伏发电项目建设，分布式光伏发电项目验收，分布式光伏发电系统运行管理，分布式光伏业扩报装。

本书适合从事分布式光伏并网的相关人员阅读，其他相关人员可供参考。

图书在版编目（CIP）数据

分布式光伏发电并网技能实训教材／谷晓斌，李鹍主编 . —北京：中国电力出版社，2021.8
（2023.2 重印）

ISBN 978-7-5198-5396-9

Ⅰ．①分… Ⅱ．①谷… ②李… Ⅲ．①太阳能光伏发电—教材 Ⅳ．① TM615

中国版本图书馆 CIP 数据核字（2021）第 033134 号

出版发行：中国电力出版社
地　　　址：北京市东城区北京站西街 19 号（邮政编码 100005）
网　　　址：http://www.cepp.sgcc.com.cn
责任编辑：孙建英（010-63412369）　董艳荣
责任校对：黄　蓓　王海南
装帧设计：赵丽媛
责任印制：吴　迪

印　　　刷：三河市万龙印装有限公司
版　　　次：2021 年 8 月第一版
印　　　次：2023 年 2 月北京第二次印刷
开　　　本：787 毫米 ×1092 毫米　16 开本
印　　　张：8.75
字　　　数：184 千字
印　　　数：1501—2500 册
定　　　价：48.00 元

版 权 专 有　侵 权 必 究

本书如有印装质量问题，我社营销中心负责退换

本 书 编 委 会

主　　任　　陈铁雷
委　　员　　赵晓波　杨军强　田　青　石玉荣　郭小燕
　　　　　　祝晓辉　毕会静

本 书 编 审 组

主　　编　　谷晓斌　李　鹛
副 主 编　　祝晓辉　刘　哲
编写人员　　韩丽辉　赵　杰　冯颖楠　王立娜　张嘉赛
　　　　　　孙　静　赵喜云
主　　审　　赵　奇

前　言

为促进分布式光伏快速发展，规范分布式光伏发电并网服务工作，提高分布式光伏发电并网服务水平，践行国家电网有限公司"四个服务"宗旨及"欢迎、支持、服务"要求，特组织编写本书。目的是为从事分布式光伏发电并网服务的人员提供一本结合现场实际的参考用书，能够在实际现场工作中具有使用和参考价值，通过对本书的学习，能够提升分布式光伏发电并网服务从业人员的理论水平和业务技能水平。

本书共分六章，第一章介绍了分布式光伏发电系统及主要设备；第二章介绍了分布式光伏发电接入系统典型设计；第三章介绍了分布式光伏发电项目建设；第四章介绍了分布式光伏发电项目验收；第五章介绍了分布式光伏发电系统运行管理；第六章介绍了分布式光伏业扩报装。

本书由谷晓斌、李鹏担任主编，负责全书的统稿和各章节内容的初审；赵奇担任主审，负责全书的审定。张嘉赛、孙静负责第一章编写；祝晓辉、赵杰、刘哲负责第二章编写；冯颖楠负责第三章编写；韩丽辉负责第四章编写；王立娜负责第五章编写；赵喜云、李鹏负责第六章编写。

本书涵盖了分布式光伏发电并网服务的各个生产岗位，具有针对性和实用性，可以作为供电公司从事分布式光伏发电并网服务人员的岗位技能培训教材。

本书的编写得到了国网河北各供电公司的大力支持，在此表示衷心的感谢！编写过程中参考了大量的文献书籍，在此对原作者表示深深的谢意！

本书如能对读者和培训工作有所帮助，我们将感到十分欣慰。由于编者水平有限，书中难免存在疏漏或者不足之处，敬请各位专家和广大读者批评指正。

编者

2021 年 3 月

目　录

前言

第一章　分布式光伏发电系统及主要设备 ················· 1

    第一节　分布式发电概述 ····················· 1

    第二节　光伏发电原理 ······················ 2

    第三节　光伏发电系统简介 ···················· 2

    第四节　光伏发电主要设备 ···················· 6

    第五节　低压反孤岛装置 ····················· 8

    第六节　光伏并网接口装置 ··················· 13

第二章　分布式光伏发电接入系统典型设计 ·············· 15

    第一节　分布式发电接入系统概述 ··············· 15

    第二节　分布式发电接入系统主要设计原则 ··········· 16

    第三节　分布式光伏并网典型设计方案编号命名与分类 ····· 18

    第四节　分布式光伏发电单点接入系统典型设计方案 ······ 19

    第五节　分布式光伏多点接入系统典型设计方案 ········ 31

    第六节　主要设备选择原则 ··················· 43

    第七节　系统继电保护及安全自动装置 ············· 45

    第八节　系统调度自动化 ···················· 47

    第九节　电能计量及结算 ···················· 49

第三章　分布式光伏发电项目建设 ·················· 52

    第一节　政策概述 ······················· 52

    第二节　项目管理 ······················· 53

    第三节　设计要求 ······················· 56

    第四节　并网服务 ······················· 66

第四章　分布式光伏发电项目验收 ·················· 72

    第一节　验收组织及流程 ···················· 72

    第二节　非户用光伏项目验收 ················· 73

    第三节　户用光伏项目验收 ··················· 81

第五章　分布式光伏发电系统运行管理 ································· 85

　第一节　基本规定 ··· 85

　第二节　主要设备运行维护 ··· 85

　第三节　运维管理制度 ··· 92

　第四节　并网运行对电网的影响 ··· 97

第六章　分布式光伏业扩报装 ··· 101

　第一节　业务受理 ·· 101

　第二节　现场勘察 ·· 107

　第三节　分布式光伏接入方案制定 ··· 114

　第四节　分布式光伏并网验收及调试 ······································· 118

　第五节　分布式光伏合同管理 ··· 120

　第六节　分布式光伏抄表核算 ··· 121

参考文献 ·· 129

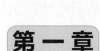

第一章

分布式光伏发电系统及主要设备

第一节 分布式发电概述

一、分布式发电的定义

分布式发电（Distributed Generation，DG）装置是指功率为数千瓦至 50MW 小型模块式的、与环境兼容的独立电源。这些电源由电力部门、电力用户或第三方所有，用以满足电力系统和用户特定的要求。如调峰、为边远用户或商业区和居民区供电，节省输变电投资、提高供电可靠性等。

二、分布式发电的特点

分布式发电并不是简单地采用传统的发电技术，而是建立在自动控制系统、先进的材料技术、灵活的制造工艺等新技术的基础上，具有低污染排放，灵活方便，高可靠性和高效率的新型能源生产系统。

分布式发电系统具有如下特点：

（1）高效地利用发电产生的废能生成热和电。

（2）现场端的可再生能源系统。

（3）包括利用现场废气、废热及多余压差来发电的能源循环利用系统。

三、分布式发电装置的分类

分布式发电装置根据使用技术的不同，可分为热电冷联产发电、内燃机组发电、燃气轮机发电、小型水力发电、风力发电、分布式光伏发电、燃料电池等。

根据所使用的能源类型不同，DG 可分为化石能源（煤炭、石油、天然气）发电与可再生能源（风力、太阳能、潮汐、生物质、小水电等）发电两种形式。

分布式储能（Distributed Energy Storage，DES）装置是指模块化、可快速组装、接在配电网上的能量存储与转换装置。根据储能形式的不同，DES 可分为电化学储能（如蓄电池储能装置）、电磁储能（如超导储能和超级电容器储能等）、机械储能（如飞轮储能和压缩空气储能等）、热能储能等。此外，近年来发展很快的电动汽车也可在配电网需要时向其送电，因此也是一种 DES。

【思考与练习】

1. 什么是分布式发电？

2. 分布式发电有哪些特点?

第二节　光伏发电原理

光伏发电是利用光生伏特效应原理,当光线照射到太阳能电池表面时,一部分光子被硅材料吸收,使电子发生了跃迁,成为自由电子,该自由电子在 PN 结两侧聚集形成电位差,当外部接通电路时,在该电压的作用下,将会有电流流过外部电路产生一定的功率输出。该过程的实质是光子能量转换成电能的过程。太阳能光伏电池发电原理如图 1-1 所示。

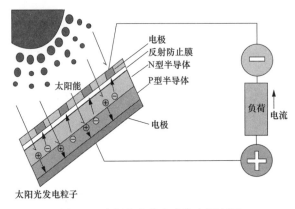

图 1-1　太阳能光伏电池发电原理图

如果光线照射在太阳能电池上并且光在界面层被吸收,具有足够能量的光子能够在 P 型硅和 N 型硅中将电子从共价键中激发,以致产生电子-空穴对。界面层附近的电子和空穴在复合之前,将通过空间电荷的电场作用被相互分离。电子向带正电的 N 区和空穴向带负电的 P 区运动。

通过界面层的电荷分离,将在 P 区和 N 区之间产生一个向外的可测试的电压。此时可在硅片的两边加上电极并接入电压表。对晶体硅太阳能电池来说,开路电压的典型数值为 0.5～0.6V。通过光照在界面层产生的电子-空穴对越多,电流越大。界面层吸收的光能越多,界面层即电池面积越大,在太阳能电池中形成的电流也越大。

太阳光照在半导体 P-N 结上,形成新的空穴-电子对,在 P-N 结内建电场的作用下,空穴由 N 区流向 P 区,电子由 P 区流向 N 区,接通电路后就形成电流,这就是光伏发电的原理。

【思考与练习】

1. 什么是光伏效应?
2. 光伏发电的原理是什么?

第三节　光伏发电系统简介

一、光伏发电系统的定义

光伏发电系统是将太阳能转化成电能的发电系统,利用的是光生伏特效应,指半导体在受到光照射时产生电动势的现象。它的主要部件是太阳能电池、蓄电池、控制器和逆变器。其特点是可靠性高、使用寿命长、不污染环境、既能独立发电又能并网运行，具有广阔的发展前景。

二、光伏发电系统的分类

光伏发电系统按是否接入公共电网可分为并网光伏发电系统和独立光伏发电系统。并网光伏发电系统，按照并网接入点的不同可分为用户侧光伏发电系统和电网侧光伏发电系统。

光伏发电系统按照安装容量可分为以下三种系统：

（1）小型光伏发电系统。安装容量小于或等于 1MW。

（2）中型光伏发电系统。安装容量大于 1MW、小于或等于 30MW。

（3）大型光伏发电系统。安装容量大于 30MW。

三、光伏发电系统的形式

光伏发电系统的形式主要有三种：

（1）独立光伏发电系统（离网系统）：主要由光伏组件、光伏控制器、蓄电池组、逆变器、监控系统和负载组成，若要为交流负载供电，还需要配置交流逆变器。

（2）并网光伏发电系统：由光伏组件、并网逆变器、公共电网和监控器组成，不经过蓄电池储能，通过并网逆变器直接将电能输入供电电网。

（3）分布式光伏发电系统：是指在用户场地附近建设，运行方式以用户侧自发自用、余电上网，且在配电网系统调节为特征的光伏发电设施。它主要由光伏阵列、直流汇流箱、直流配电柜、并网逆变器、交流配电柜、负载、公共电网和监控系统组成。

四、大型光伏地面电站

大型光伏地面电站属于并网的大型光伏发电系统。

1. 应用范围

大型光伏地面电站主要指兆瓦级以上电站，其所发电能经升压变压器改变电压后输入到电网，与分布式能源相比，大型光伏地面电站远离用户侧，占地面积较大，作为电力系统中的"发电"侧接入电网。

大型光伏地面电站建设地点主要位于荒漠、荒山、滩涂、戈壁、高原等不可利用的废弃土地或污染土地。大型光伏地面电站既可以合理实现土地利用，又可持续提供巨大电能。

2. 设备构成

大型光伏地面电站设备主要包括光伏电池组件、支架系统、直流汇流配电设备、光伏并网逆变器、低压交流开关设备、升压变压器、高压交流开关设备、站用电系统、监控系统、计量系统、保护系统、安防系统、直流电源系统、综合自动化系统、线缆等。大型并网光伏发电系统工作原理图如图 1-2 所示，兆瓦级以下小型并网光伏发电系统电气系统如图 1-3 所示，兆瓦级以上中型并网光伏发电系统电气系统如图 1-4 所示。

3. 优势介绍

（1）可靠。在恶劣的环境和气候条件下可正常供电。

（2）耐用。晶体硅组件寿命在 25 年以上。

（3）维护费用低。只需定期检查和很少的维护工作，比常规发电费用少很多。

（4）无须燃料费用。充分利用取之不尽、用之不竭的太阳能。

（5）没有噪声污染。没有运动部件，不产生噪声。

（6）积木化。根据需要选择系统容量，安装灵活、方便，扩容也很简便。

（7）安全。无易燃物品，无运动部件，安全性很高。

（8）供电自主性。可离网运行，独立供电，不受公用电网的影响。

（9）非集中电网。分散的光伏电站，减少公用电网故障的影响及危害。

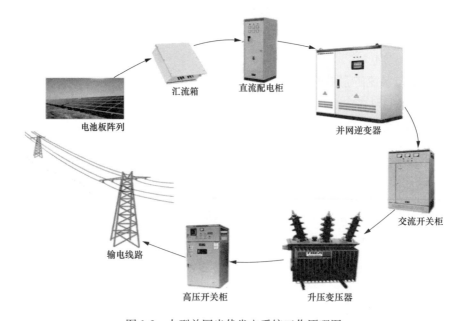

图 1-2　大型并网光伏发电系统工作原理图

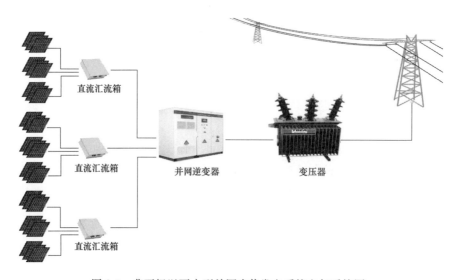

图 1-3　兆瓦级以下小型并网光伏发电系统电气系统图

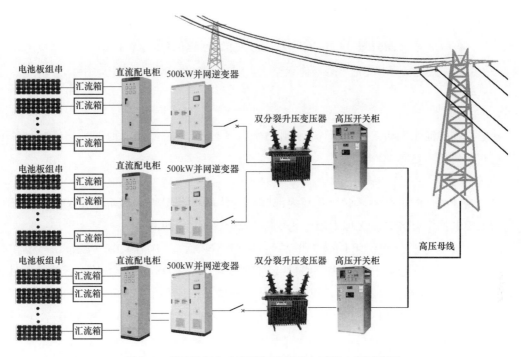

图 1-4　兆瓦级以上中型并网光伏发电系统电气系统图

（10）高海拔性能。海拔高，日照强，输出功率增加，对光伏发电有利。高海拔地区气压低，柴油发电机效率降低，输出功率减少。

五、分布式光伏发电

分布式发电是指利用太阳能发电的分布式电源位于用户附近，所发电能就地利用，以 10kV 及以下电压等级接入电网（380V），且单个并网点总装机容量不超过 6MW 的发电项目；220V 用户侧单个并网点总装机容量不超过 8kW。分布式光伏发电包括太阳能光伏发电、天然气发电、生物质能发电、风能发电、地热能发电、海洋能发电、资源综合利用发电等类型。

分布式光伏发电系统可安装在任何有阳光照射的地方，包括地面，建筑物的顶部、侧立面，阳台等，其中在学校、医院、商场、别墅、民居、厂房、企事业单位屋顶，车棚、公交站牌顶部应用最为广泛；混凝土、彩钢板以及瓦片式屋顶均可安装。分布式光伏发电效果图如图 1-5 所示。

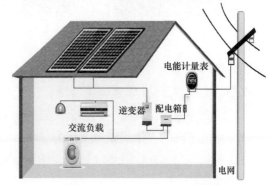

图 1-5　分布式光伏发电效果图

【思考与练习】

1. 大型光伏地面电站主要包括哪些设备？

2. 分布式光伏发电安装范围有哪些？

第四节 光伏发电主要设备

一、组件

1. 硅电池

硅电池片的输出电压约为 0.5V；输出功率为 3～5W。晶体硅电池的平均转换效率在 16% 左右，最高可达到 20% 以上。

2. 光伏组件

（1）光伏组件的定义：具有封装及内部联结的、能单独提供直流电输出的、最小不可分割的太阳电池组合装置。又称太阳电池组件（solar cell module）。

（2）组件的分类。光伏组件分为单晶组件（PANDA）（如图 1-6 所示）、多晶组件（YGE）（如图 1-7 所示）和高效多晶组件（YGE-A）（如图 1-8 所示）。其中，单晶组件包括 PANDA 48 Cell 系列（195～215W）和 PANDA 60 Cell 系列（250～270W），多晶组件包括 YGE 48 Cell 系列（180～200W）、YGE 60 Cell 系列（230～250W）和 YGE 72 Cell 系列（280～300W）。

 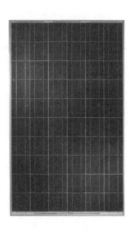 

图 1-6 单晶组件　　　　图 1-7 多晶组件　　　　图 1-8 高效多晶组件

二、组件支架

支架的选择需评估以下影响因素：

（1）综合评估碳钢支架、铝合金支架的优劣（强度、防腐、造价、质量、安装等）。

（2）评估不同的支架间距对系统的影响。

（3）支架与基础连接方式（焊接、铆接、螺栓固定、铰链连接、顶丝固定、浇筑、配重压接）的评估。

（4）支架和檩条位置的关系（垂直还是水平）。（屋顶）

（5）组件在支架上的安装形式（螺栓固定、型材压接）。

（6）安装是否快速、便捷，便于串并联电缆的敷设。

（7）支架防雷性能。

三、防雷汇流箱

1. 防雷汇流箱基本功能

（1）针对光伏发电系统提供详细的测量、监控、报警、汇流、故障定位等功能。

（2）通过对单串电流的测量和比较，可方便地检测出太阳能单串方阵内的故障，便于站内监控中心直接进行故障分析。

（3）提供正极或负极侧的线路熔丝保护以及过电压保护功能。

（4）可监测输入、输出直流开关运行状态。

2. 防雷汇流箱基本要求

（1）良好的箱体材质，优质冷轧钢板或热镀锌板弯制而成，喷涂后总厚度不小于1.5mm。

（2）优良的结构设计，防护等级为IP65，具备防尘、防潮、防锈、防盐碱、防酸雾等功能，满足户外安装使用，使用防水锁、防水胶条、防水锁母等防水、防尘器件。

（3）防腐采用静电喷涂工艺处理，涂层均匀、美观，涂层厚度及附着力符合国家、行业及相关标准的要求，保证使用年限不低于25年。

（4）配备光伏专用熔断器及配套的可插拔式底座。

（5）配备光伏专用断路器。

（6）配备光伏专用防雷器。

（7）箱内布线整齐、美观，端子排面向门安装，以便于检修及安装。

（8）汇流箱监测单元需配备箱体内温度检测，可就地更改设备地址并显示相应电气参数。

四、光伏并网逆变器

1. 光伏并网逆变器的定义

光伏并网逆变器是将直流电转换成交流电的设备。光伏并网逆变器是光伏电站的核心设备，主要元器件是绝缘栅双极型晶体管（IGBT）、支撑电容C、输出电感L。按照逆变器结构和应用特点可以分为三大类：集中式逆变器、组串式逆变器和微型逆变器（又称组件逆变器）。在光伏系统设计过程中，要结合光伏系统的具体情况来选择不同类型的并网逆变器。

2. 光伏并网逆变器种类与应用特点

光伏并网逆变器种类与应用特点如表1-1所示。

表1-1　　　　　　　　　　　　光伏并网逆变器种类与应用特点

逆变器类型	集中式逆变器	组串式逆变器	微型（组件）逆变器
逆变器容量	10kW～1MW	600W～10kW	1kW以下
组件接入形式	方阵	组件串	组件
MPPT功能	方阵的最大功率点	组串的最大功率点	组件的最大功率点
遮挡影响	影响最大	影响较小	影响最低
直流电缆	大量使用	少量使用	基本不使用
投资成本	低廉	适中	昂贵
适用光伏系统	日照均匀的地面大型光伏电站或大型BAPV	各类型地面光伏电站或BAPV/BIPV	1kW以下的光伏系统

续表

逆变器类型	集中式逆变器	组串式逆变器	微型（组件）逆变器
产品成熟度	成熟	成熟	基本成熟
安装使用	专业安装和维护，更换困难	安装简便、更换方便	安装简便、更换方便

注　MPPT 表示最大功率点跟踪，BAPV 表示安装型太阳能光伏建筑，BIPV 表示光伏建筑一体化。

五、交直流配电柜

1. 直流配电柜

主要是将汇流箱输出的直流电缆接入后进行汇流，再接至并网逆变器。

2. 交流配电柜

主要是通过配电给逆变器提供并网接口，交流配电柜含网侧断路器、防雷器，并配置电能计量表、逆变器并网接口及交流电压电流表等装置。

六、升压变压器

变压器是一种常见的电气设备，可用来把某一数值的交变电压变换为同频率的另一数值的交变电压。升压变压器就是用来把低数值的交变电压变换为同频率的另一较高数值交变电压的变压器。我国常用的电压等级有 220V、380V、6kV、10kV、35kV、110kV、20kV、330kV、500kV、1000kV。

七、电气二次设备

电气二次设备主要包括监控系统、综合自动化继电保护设备、通信系统、远动系统等。采用 RS-485 总线通信模式的通信系统可采集气象和系统运行数据，并实现故障报警、远程监测和显示等功能。RS-485 总线通信模式示意图如图 1-9 所示。

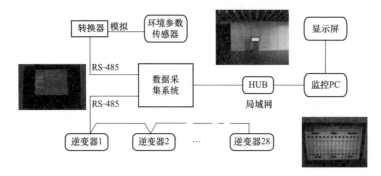

图 1-9　RS-485 总线通信模式示意图

【思考与练习】

1. 简述防雷汇流箱基本功能。

2. 简述光伏并网逆变器种类与应用特点。

第五节　低压反孤岛装置

一、概述

TFGD 型低压反孤岛装置（以下简称装置）是专门为电力检修或相关电力操作人员设

计的一种反孤岛设备，由操作开关和扰动负载组成，用于破坏分布式光伏发电系统的非计划孤岛运行。

低压反孤岛装置主要用于 220/380V 电网中，一般安装在分布式光伏发电系统送出线路电网侧，如配电变压器低压侧母线、箱式变压器低压母线、低压环网柜、380V 配电分支箱等处，在电力人员检修与分布式光伏发电相关的线路或设备时使用。

二、标准或规范

TFGD 型低压反孤岛装置满足国家电网有限公司《关于做好分布式电源并网服务工作的意见》《关于促进分布式电源并网管理工作的意见》和《分布式电源接入配电网相关技术规范》的相关要求，并满足 GB 7251《低压成套开关设备和控制设备》的相关规定。

在系统的安装和运行期间，要遵守所有相关的国际电工委员会（IEC）标准及国家或地方相关安全导则，还应考虑生产厂家提供的有关资料。

三、工作条件

（1）环境温度：户内为 $-10\sim+45℃$，户外为 $-40\sim+70℃$。

（2）相对湿度：$\leqslant95\%$（25℃）。

（3）海拔：$\leqslant2000m$，超过 2000m 按海拔修正系数进行修正。

（4）抗震能力：水平加速度为 $0.30g$，垂直加速度为 $0.15g$。

（5）污秽等级：3 级。

（6）防护等级：IP44。

（7）使用地点不允许有爆炸危险的介质，周围介质中不含有腐蚀金属和破坏绝缘的气体及导电介质，不允许充满水蒸气及有严重的霉菌存在。

四、电气参数

TFGD 型低压反孤岛装置电气参数如表 1-2 所示。

表 1-2　　　　　　　　　　TFGD 型低压反孤岛装置电气参数

名称		指标要求					
额定工作电压（V）		380					
额定频率（Hz）		50					
反孤岛容量*（kW）		100	200	400	500	1000	2000
额定容量**（kW）		25	50	100	125	250	500
短时耐受电流（A）		40	80	160	250	500	1000
短时耐流持续时间（s）		1					
操作开关技术参数	延时保护	可整定					
	延时保护动作时间设定值（s）	1					
	与上级开关的互锁功能	必须具备					
	与上级开关的互锁方式	电气					
	操作开关（操作次数）	＞10000 次					

*反孤岛容量指该装置能够破坏的最大分布式光伏发电孤岛系统容量。

**额定容量指该装置投入正常运行的电网中能承受的最大容量。

五、型号说明

低压反孤岛装置型号说明如图 1-10 所示。

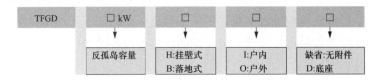

图 1-10 低压反孤岛装置型号说明

注：TFGD 表示厂家生产型号，例如：TFGD-100HI 表示南瑞集团生产的反孤岛容量为 100kW 的户内挂壁式低压反孤岛装置。

（1）挂壁式只适用于反孤岛容量为 100～200kW。

（2）户外落地式需配置底座。

（3）订货时需提供上机开关的安装情况等。

（4）如有其他问题，与生产厂家技术人员联系。

六、主要技术特点

低压反孤岛装置具有如下主要技术特点：

（1）集保护、测量、信号、报警等功能于一体。

（2）破坏并网光伏发电系统的孤岛效应，保证运维人员人身安全，保护设备安全。

（3）能强迫用户侧逆变器停运，为系统检修提供方便。

（4）与上级开关互为联锁，杜绝误操作。

（5）外形尺寸小，安装方式多样，适用于各种场合。

（6）保护原理成熟、可靠，能够经历长时间的现场运行考验；能够测量线路电压参数。

七、电气原理

图 1-11 低压反孤岛装置电气原理图

低压反孤岛装置电气原理图如图 1-11 所示。图 1-11 中扰动负载是指电阻的一类，选择扰动负载要根据光伏的容量来选择，一般情况下规格有 100、200kW 和 400kW。扰动负载的选择也要根据规范来选择，主要选择参数是电阻值、额定电流、短时耐受电流、耐受时间等。专用断路器开关是用来控制扰动负载的投入，同时与上级开关进行电气闭锁，只有条件满足时，才能合反孤岛开关，投入扰动负载。当条件不满足时，不能投入，且不能投入反孤岛装置。因此，为了避免误投反孤岛装置，禁止手动投入。当上级反孤岛开关无任何可以用的闭锁点时，在确认上级开关在分的状态下才能手动闭合反孤岛开关。

八、控制原理

（1）低压反孤岛装置具备延时保护功能。当低压反孤岛装置误投入时，应立即跳开操作开关，而反孤岛装置功能失效时，应通过延时设备跳开操作开关，保证扰动负载不被损坏。延时保护参数可整定，延时保护动作时间设定值为1s，过载保护动作时间设置值充分考虑扰动负载特性，延时保护偏差不超过100ms。低压反孤岛装置控制原理图如图1-12所示。

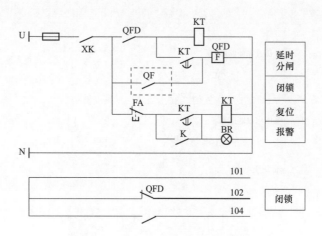

图1-12　低压反孤岛装置控制原理图

XK—行程开关；QFD—防孤岛专用开关；QF—进线开关；

KT—时间继电器；K—中间继电器；FA—复位开关；BR—报警指示灯

（2）与上级低压操作开关的互锁功能。低压反孤岛装置的操作开关应与锁安装处的上级低压操作开关配合，并设计互锁功能，确保上级低压操作开关断开后反孤岛装置方可投入使用，采用机械或电气的互锁方式。

上级低压操作开关采用分励脱扣闭锁时，其闭锁控制示意图如图1-13所示。在图1-13中，SB表示按钮开关，QF表示进线开关，QFD表示防孤岛专用开关。

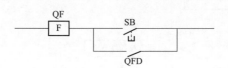

图1-13　上级低压操作开关分励脱扣闭锁控制示意图

上级低压操作开关采用欠压脱扣闭锁时，其闭锁控制示意图如图1-14所示。

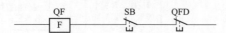

图1-14　上级低压操作开关欠压脱扣闭锁控制示意图

九、低压反孤岛装置的保护配置功能

（1）低频保护：频率在35～65Hz之间时且曾经在低频值以上时低频保护才能启动，低频保护动作200ms后立即返回。

（2）过频保护：当频率高于定值式保护启动。

（3）低电压保护：当电压低于定值时动作。

（4）过电压保护：当电压高于定值时动作。

十、低压反孤岛装置接入

根据国家或行业相关规范要求，低压反孤岛装置接入点为配电变压器低压母线侧，如图 1-15 所示。

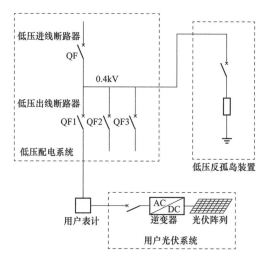

图 1-15　低压反孤岛装置接入示意图

十一、低压反孤岛装置操作流程

低压反孤岛装置操作流程如图 1-16 所示，当孤岛效应发生需要投入低压反孤岛装置时，严格按照图 1-16 中的顺序操作，否则易发生安全事故。

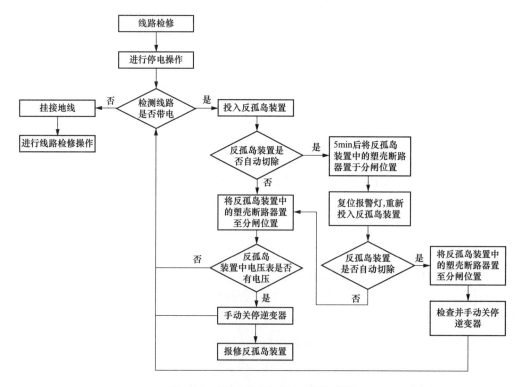

图 1-16　低压反孤岛装置操作流程图

【思考与练习】

1. 简述低压反孤岛装置的主要技术特点。
2. 绘制低压反孤岛装置控制原理图。

第六节 光伏并网接口装置

一、一般规定

(1) 光伏发电系统通过 220V 单相接入时，每个并网点容量不宜超过 8kW。

(2) 三相电力用户分布式光伏的接入，可选用单相或三相逆变器，采用单相、两相或三相方式接入。

(3) 当同一配电变压器供电区域内有一个以上的光伏发电系统接入时，应总体考虑对配电网的影响。各相接入的光伏发电系统应均衡分配，由光伏发电系统接入引起的 380V 系统三相电压不平衡度应符合 GB/T 15543《电能质量 三相电压不平衡》的相关要求。

(4) 光伏发电系统接入容量超过本配电台区变压器额定容量 25％时，公用电网配电变压器低压侧应配置低压总开关，并在配电变压器低压母线处装设反孤岛装置；低压总开关宜与反孤岛装置间具备操作闭锁功能，母线有联络时，联络开关也应与反孤岛装置间具备操作闭锁功能。

(5) 当同一配电变压器供电区域内有数量较多的光伏发电系统接入，年发电量超过年用电量的 50％时，从系统角度整体开展该供电区域电能质量及无功电压专题研究。

(6) 接有光伏发电系统的配电台区，不应与其他配电台区建立电压联络（配电室、箱式变低压母线间联络除外）。

二、并网技术要求

(1) 无功调节。光伏发电系统逆变器具备功率因数在 0.95（超前）～0.95（滞后）范围内可调的能力，必要时应具备按电网公司预定的方式，根据并网点电压在其无功出力范围内自适应调节无功出力的能力。

(2) 运行适应性。光伏发电系统的运行适应性应符合 GB/T 29319《光伏发电系统接入配电网技术规定》的相关要求。

(3) 电能质量。光伏发电系统发出电能的质量，在电压偏差、电压波动和闪变、谐波、电压不平衡度、直流分量方面符合 GB/T 29319《光伏发电系统接入配电网技术规定》的要求。

(4) 接地保护。光伏发电系统的接地方式和用户电网的接地方式相协调，并满足人身设备安全和保护配合的要求。光伏发电系统逆变器的电压保护、频率保护和防孤岛保护符合 GB/T 29319《光伏发电系统接入配电网技术规定》的相关要求。

(5) 通信。光伏发电系统通信可采用符合信息安全防护要求的有线或无线公网通信方式，由用电信息采集系统采集电压、电流和发电量等信息并上传至电网相关部门，并满足电力监控系统安全防护规定的相关要求。

三、并网接口设备要求

1. 并网接口断路器

光伏发电系统并网点应安装易操作、具有明显断开指示、具备开断故障电流能力的断路器，并满足以下要求：

（1）断路器具备短路速断、分励脱扣、失压跳闸等功能，并满足 GB 14048.2《低压开关设备和控制设备 第 2 部分：断路器》的相关要求。

（2）采用具备电源、负荷端反接能力的断路器；当采用不具备反接能力的断路器时，电源端应接入电网侧。

（3）可选用微型或塑壳式断路器。

断路器开断能力根据并网接口处短路电流水平进行选取，并留有一定裕度。

2．剩余电流保护

光伏发电系统在并网点安装剩余电流保护装置，并满足 GB/T 13955《剩余电流动作保护装置安装和运行》和 GB 50054《低压配电设计规范》的相关要求。

3．电能计量装置

光伏发电系统接入电网前，明确发电量计量点。发电量计量点设在并网接口处，用于发电量计量。电能计量装置的配置和技术要求符合 DL/T 448《电能计量装置技术管理规程》的相关要求。电能表配有标准通信接口，具备本地通信和通过电能信息采集终端远程通信的功能，电能表通信协议符合 DL 645《多功能电能表通信协议》的相关要求。光伏发电系统有余电上网时，用户电能表具备双向有功计量功能。

【思考与练习】

1．对光伏并网接口装置的并网技术有哪些要求？

2．对光伏并网接口装置的并网设备有哪些要求？

3．光伏并网接口装置中，对并网接口断路器有哪些技术要求？

第二章

分布式光伏发电接入系统典型设计

第一节　分布式发电接入系统概述

一、目的和意义

1. 编制分布式发电接入系统典型设计的主要目的

（1）创造分布式发电接入电网便利条件，缩短并网时间，提高分布式发电建设的效率和效益。

（2）促进分布式发电并网规范化，统一并网技术标准，统一设备规范，保障分布式发电接入电网运行安全。

（3）节约工程投资，提高综合投资效益，确保分布式发电充分利用，促进分布式发电与电网发展的和谐统一。

2. 意义

推行分布式发电接入系统典型设计，对于解决当前分布式发电项目建设中存在的问题，实现可再生能源建设与电网建设的协调、可持续发展，引导行业发展走向健康、有序、平稳、高效，支持国家低碳经济，服务于我国工业化、城镇化和社会主义新农村建设，为社会提供安全、可靠、清洁、优质的电力保障具有重要意义。

二、设计要求

分布式发电接入系统典型设计应满足分布式发电与电网互适性要求，遵循"安全可靠、技术先进、投资合理、标准统一、运行高效"的设计原则。设计方案的选择既要有普遍性、可扩展性，又要有经济性；既要覆盖面广，又不宜太多。典型设计应实现分布式电源接入规范化，为设备招标、降低分布式发电接入系统建设和运营成本创造条件，实现分布式发电与电网建设的和谐统一。具体内容如下：

（1）可靠性。保证设备及系统的安全可靠。

（2）经济性。按照各方利益最大化原则，追求分布式光伏与电网建设和谐统一，实现共赢。

（3）先进性。设备选型合理，优化各项技术经济指标，主要经济技术指标达到国内同类工程的先进水平。

（4）适应性。综合考虑各地区的实际情况，对不同规模、不同形式、不同外部条件均能适应。

【思考与练习】

1. 编制分布式光伏并网系统典型设计的主要目的是什么？

2. 分布式光伏并网接入系统的设计要求包括哪些内容？

第二节　分布式发电接入系统主要设计原则

一、接入方案划分原则

根据接入电压等级、运营模式、接入点划分接入系统方案。

二、接入电压等级

对于单个并网点，接入的电压等级按照安全性、灵活性、经济性的原则，根据分布式电源容量、导线载流量、上级变压器及线路可接纳能力、地区配电网情况综合比选后确定。

分布式发电并网电压等级根据装机容量进行初步选择的参考标准如下：

（1）8kW 及以下可接入 220V。

（2）8～400kW 可接入 380V。

（3）400～6MW 可接入 10kV。

最终并网电压等级应综合参考有关标准和电网实际条件，通过技术经济比选论证后确定。

三、接入点选择原则

（一）10kV 对应接入点

1. 统购统销

（1）公共电网变电站 10kV 母线。

（2）公共电网开关站、配电室或箱式变压器 10kV 母线。

（3）T 接公共电网 10kV 线路。

2. 自发自用（含自发自用，余量上网）

（1）用户开关站、配电室或箱式变压器 10kV 母线。

（2）当并网点与接入点之间距离很短时，可以在分布式光伏与用户母线之间只装设一个开关设备，并将相关保护配置于该开关设备。

（二）380V 对应接入点

1. 统购统销

（1）公共电网配电箱/线路。

（2）公共电网配电室或箱式变压器低压母线。

2. 自发自用（含自发自用，余量上网）

（1）用户配电箱/线路。

（2）用户配电室或箱式变压器低压母线。

当分布式发电接入 35kV 及以上电压等级系统时，可参考相应电压等级接入系统典型设计方案。

（三）相关定义

典型设计中并网点、公共连接点等相关定义如下：

（1）专线接入。是指分布式发电接入点处设置分布式发电专用的开关设备（间隔），如分布式发电直接接入变电站、开关站、配电室母线或环网柜等方式。

（2）T 接。是指分布式发电接入点处未设置专用的开关设备（间隔），如分布式发电直接接入架空或电缆线路方式。

（3）并网点。对于有升压站的分布式发电，并网点为分布式发电升压站高压侧母线或节点；对于无升压站的分布式发电，并网点为分布式发电的输出汇总点。如图 2-1 所示，A1、B1、C1 点分别为分布式发电 A、B、C 的并网点。

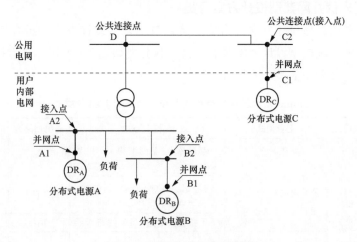

图 2-1　相关节点定义示意图

（4）接入点。是指分布式发电接入电网的连接处，该电网既可能是公用电网，也可能是用户电网。如图 2-1 所示，A2、B2、C2 点分别为分布式发电 A、B、C 的接入点。

（5）公共连接点。是指用户系统（发电或用电）接入公用电网的连接处。如图 2-1 所示，C2、D 点均为公共连接点。C2 点既是分布式发电接入点，又是公共连接点，A2、B2 点不是公共连接点。

（6）接入系统工程。如图 2-1 所示，A1—A2、B1—B2、C1—C2 输变电工程以及相应电网改造工程分别为分布式发电 A、B、C 接入系统工程，其中：A1—A2、B1—B2 输变电工程由用户投资，C1—C2 输变电工程由电网企业投资。

【思考与练习】

1. 分布式发电接入系统电压等级是如何规定的？

2. 10kV 分布式发电接入系统，对应接入点如何进行选择？

3. 380V 分布式发电接入系统，对应接入点如何进行选择？

第三节　分布式光伏并网典型设计方案编号命名与分类

一、设计方案编号命名原则

典型设计方案编号命名原则如图 2-2 所示。

图 2-2　典型设计方案编号命名原则

二、分布式光伏并网典型设计方案分类

分布式光伏并网典型设计方案分为单点接入系统典型设计方案和组合接入系统典型设计方案。单点接入系统典型设计方案共有 8 种，其分类如表 2-1 所示，多点接入系统典型设计方案共有 5 种，其分类如表 2-2 所示。

表 2-1　　　　　　　　分布式光伏发电单点接入系统典型设计方案分类表

方案编号	接入电压	运营模式	接入点	送出回路数	单个并网点参考容量
XGF10-T-1	10kV	统购统销（接入公共电网）	接入公共电网变电站 10kV 母线	1 回	1~6MW
XGF10-T-2			接入公共电网 10kV 开关站、配电室或箱式变压器	1 回	400kW~6MW
XGF10-T-3			T 接公共电网 10kV 线路	1 回	400kW~2MW
XGF10-Z-1		自发自用余量上网（接入用户电网）	接入用户 10kV 母线	1 回	400kW~6MW
XGF380-T-1	380V	统购统销（接入公共电网）	公共电网配电箱/线路	1 回	≤100kW，8kW 及以下可单相接入
XGF380-T-2			公共电网配电室或箱式变压器低压母线	1 回	20~400kW
XGF380-Z-1		自发自用/余量上网（接入用户电网）	用户配电箱/线路		≤400kW，8kW 及以下可单相接入
XGF380-Z-2			用户配电室或箱式变压器低压母线	1 回	20~400kW

表 2-2　　　　　　　　分布式光伏发电组合接入系统典型设计方案分类表

方案编号	接入电压	运营模式	接入点
XGF380-Z-Z1	380V/220V	自发自用/余量上网	多点接入用户配电箱/线路配电室或箱式变压器低压母线
XGF10-Z-Z1	10kV		多点接入用户 10kV 开关站、配电室或箱式变压器
XGF380/10-Z-Z1	10kV/380V		以 380V 一点或多点接入用户配电箱/线路、配电室或箱式变压器低压母线，以 10kV 一点或多点接入用户 10kV 开关站、配电室或箱式变压器

续表

方案编号	接入电压	运营模式	接入点
XGF380-T-Z1	380V/220V	统购统销	多点接入公共电网配电箱/线路、箱式变压器或配电室低压母线
XGF380/10-T-Z1	10kV/380V		以 380V 一点或多点接入公共配电箱/线路、配电室或箱式变压器低压母线，以 10kV 一点或多点接入公共电网变电站、10kV 母线、10kV 开关站、配电室、箱式变压器或 T 接公共电网 10kV 线路

【思考与练习】

1. 简述分布式光伏发电典型设计方案编号原则。

2. 简述分布式光伏发电单点接入系统典型设计方案的分类。

3. 简述分布式光伏发电多点接入系统典型设计方案的分类。

第四节　分布式光伏发电单点接入系统典型设计方案

一、单点接入系统典型设计方案 XGF10-T-1

（一）方案概述

本方案为国家电网有限公司分布式光伏并网接入系统典型设计方案，方案号为 XGF10-T-1。

本方案采用 1 回线路将分布式光伏发电接入公共电网变电站 10kV 母线，接入容量在 1～6MW 之间。

（二）接入系统一次

光伏电站接入系统方案需结合电网规划、分布式电源规划，按照就近分散接入，就地平衡消纳的原则进行设计。

（三）送出线路

通过 1 回线路接入公共电网变电站 10kV 母线。XGF10-T-1 方案一次系统接线示意图见图 2-3。

本方案主要适用于统购统销（接入公共电网）的光伏电站，公共连接点为公共电网变电站 10kV 母线，单个并网点参考装机容量为 1～6MW。

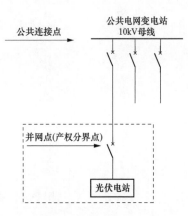

图 2-3　XGF10-T-1 方案
一次系统接线示意图

（四）电气主接线

电气主接线方案一、方案二分别见图 2-4、图 2-5。

二、单点接入系统典型设计方案 XGF10-T-2

（一）方案概述

本方案为国家电网有限公司分布式光伏发电接入系统典型设计方案，方案号为 XGF10-T-2。

本方案采用 1 回线路将分布式光伏发电接入公共电网开关站、配电室或箱式变压器 10kV 母线，接入容量在 400kW～6MW 之间。

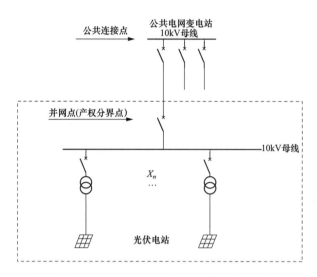

图 2-4　XGF10-T-1 方案电气主接线图（方案一）

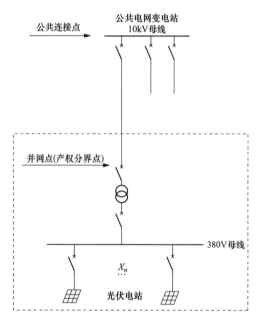

图 2-5　XGF10-T-1 方案电气主接线图（方案二）

（二）接入系统一次

光伏电站接入系统方案需结合电网规划、分布式电源规划，按照就近分散接入，就地平衡消纳的原则进行设计。

（三）送出线路

通过 1 回线路接入公共电网开关站、配电室或箱式变压器 10kV 母线。XGF10-T-2 方案一次系统接线示意图见图 2-6。

本方案主要适用于统购统销（接入公共电网）的光伏电站，公共连接点为公共电网开关站、配电室或箱式变压器 10kV 母线，单个并网点参考装机容量为 400kW～6MW。

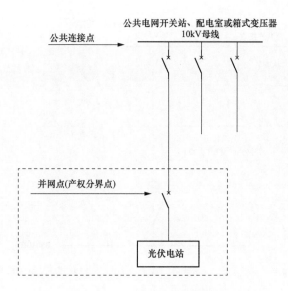

图 2-6　XGF10-T-2 方案一次系统接线示意图

（四）电气主接线

电气主接线方案一、方案二分别见图 2-7、图 2-8。

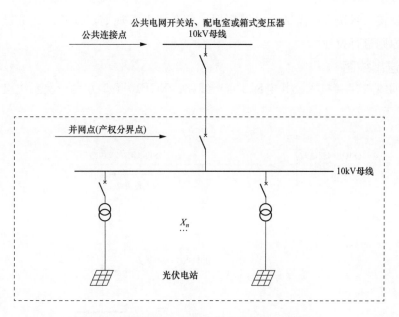

图 2-7　XGF10-T-2 方案电气主接线图（方案一）

三、单点接入系统典型设计方案 XGF10-T-3

（一）方案概述

本方案为国家电网有限公司分布式光伏发电接入系统典型设计方案，方案号为 XGF10-T-3。

本方案采用 1 回线路将分布式光伏发电接入公共电网 10kV 线路，接入容量在 400kW～6MW 之间。

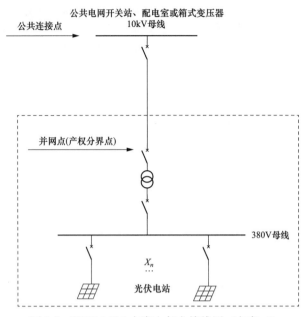

图 2-8　XGF10-T-2 方案电气主接线图（方案二）

（二）接入系统一次

光伏电站接入系统方案需结合电网规划、分布式电源规划，按照就近分散接入，就地平衡消纳的原则进行设计。

（三）送出线路

通过 1 回线路 T 接接入公共电网 10kV 线路。XGF10-T-3 方案一次系统接线示意图见图 2-9。

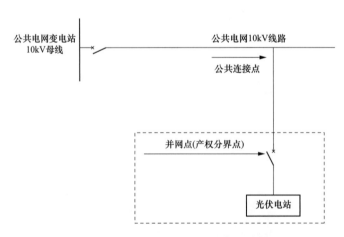

图 2-9　XGF10-T-3 方案一次系统接线示意图

本方案主要适用于统购统销（接入公共电网）的光伏电站、公共连接点为公共电网 10kV 线路 T 接点，单个并网点参考装机容量为 400kW～2MW。

（四）电气主接线

电气主接线方案一、方案二分别见图 2-10、图 2-11。

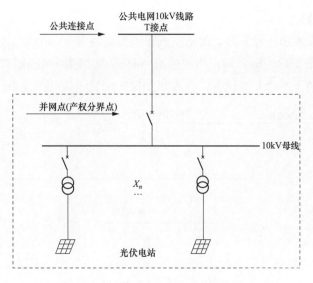

图 2-10　XGF10-T-3 方案电气主接线图（方案一）

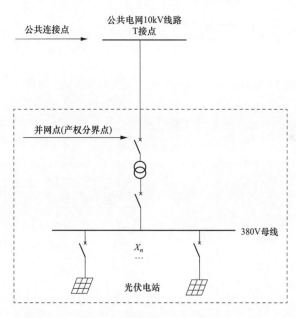

图 2-11　XGF10-T-3 方案电气主接线图（方案二）

四、单点接入系统典型设计方案 XGF10-Z-1

（一）方案概述

本方案为国家电网有限公司分布式光伏发电接入系统典型设计方案，方案号为 XGF10-Z-1。

本方案采用 1 回线路将分布式光伏发电接入用户开关站、配电室或箱式变压器，接入容量在 400kW～6MW 之间。

（二）接入系统一次

光伏电站接入系统方案需结合电网规划、分布式电源规划，按照就近分散接入，就地平衡消纳的原则进行设计。

（三）送出线路

通过 1 回线路接入用户开关站、配电室或箱式变压器 10kV 母线。XGF10-Z-1 方案一次系统接线示意图见图 2-12、图 2-13。当并网点与接入点之间距离很短时，可以在光伏电站与用户母线之间只装设一个开关设备，并将相关保护配置于该开关设备。

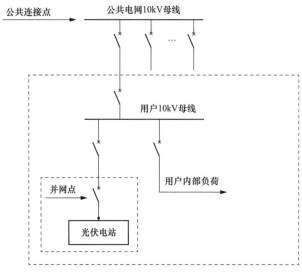

图 2-12　XGF10-Z-1 方案一次系统接线示意图（方案一）

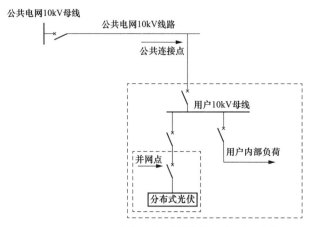

图 2-13　XGF10-Z-1 方案一次系统接线示意图（方案二）

本方案主要适用于自发自用/余量上网（接入用户电网）的光伏电站，单个并网点参考装机容量为 400kW~6MW。

（四）电气主接线

电气主接线方案一、方案二分别见图 2-14、图 2-15。

五、单点接入系统典型设计方案 XGF380-T-1

（一）方案概述

本方案为国家电网有限公司分布式光伏发电接入系统典型设计方案，方案号为XGF380-T-1。

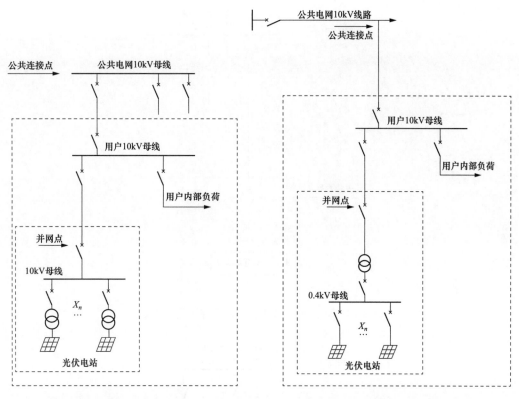

图 2-14　XGF10-Z-1 方案电气
主接线图（方案一）

图 2-15　XGF10-Z-1 方案电气
主接线图（方案二）

本方案采用 1 回线路将分布式光伏发电接入公共电网配电箱或直接 T 接于线路，建议接入容量为不大于 100kW，8kW 及以下可单相接入。

（二）接入系统一次

光伏电站接入系统方案需结合电网规划、分布式电源规划，按照就近分散接入，就地平衡消纳的原则进行设计。

（三）送出线路

通过 1 回线路接入公共电网配电箱或 T 接于线路。XGF380-T-1 方案一次系统接线示意图见图 2-16。

本方案主要适用于统购统销（接入公共电网）的光伏电站，公共连接点为公共电网 380V 配电箱或线路，单个并网点参考装机容量不大于 100kW，采用三相接入；装机容量在 8kW 及以下，可采用单相接入。

（四）电气主接线

电气主接线方案见图 2-17。

六、单点接入系统典型设计方案 XGF380-T-2

（一）方案概述

本方案为国家电网有限公司分布式光伏发电接入系统典型设计方案，方案号为 XGF380-T-2。

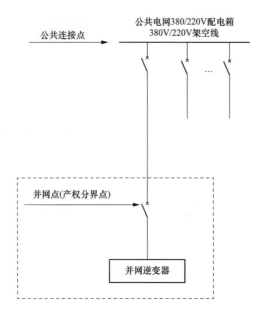

图 2-16　XGF380-T-1 方案一次系统接线示意图

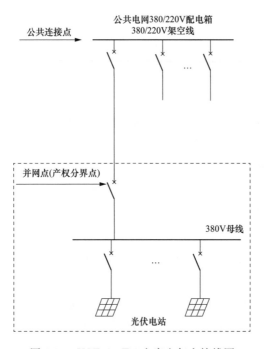

图 2-17　XGF380-T-1 方案电气主接线图

本方案采用 1 回线路将分布式光伏发电接入公共电网配电室或箱式变压器低压母线，接入容量在 20～400kW 之间。

（二）接入系统一次

光伏电站接入系统方案需结合电网规划、分布式电源规划，按照就近分散接入，就地平衡消纳的原则进行设计。

（三）送出线路

通过 1 回线路接入公共电网配电室或箱式变压器低压母线。XGF380-T-2 方案一次系统接线示意图见图 2-18。

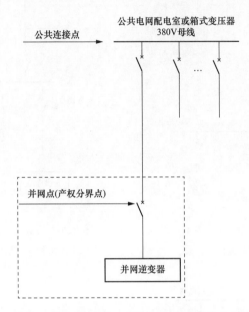

图 2-18　XGF380-T-2 方案一次系统接线示意图

本方案主要适用于统购统销（接入公共电网）的光伏电站，公共连接点为公共电网配电室或箱式变压器低压母线，单个并网点参考装机容量为 20～400kW。

（四）电气主接线

电气主接线方案见图 2-19。

七、单点接入系统典型设计方案 XGF380-Z-1

（一）方案概述

本方案为国家电网有限公司分布式光伏发电接入系统典型设计方案，方案号为 XGF380-Z-1。

本方案采用 1 回线路将分布式光伏发电接入用户配电箱或线路，建议接入容量不大于 400kW，8kW 及以下可单相接入。

（二）接入系统一次

光伏电站接入系统方案需结合电网规划、分布式电源规划，按照就近分散接入，就地平衡消纳的原则进行设计。

（三）送出线路

通过 1 回线路接入 380V 用户配电箱或 10kV 用户 380V 配电箱或线路。XGF380-Z-1 方案一次系统接线示意图见图 2-20、图 2-21。

（四）电气主接线

电气主接线方案一、方案二分别见图 2-22、图 2-23。

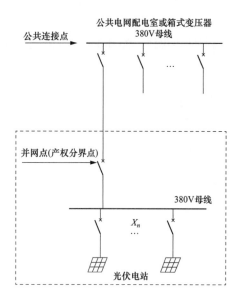

图 2-19　XGF380-T-2 方案
电气主接线图

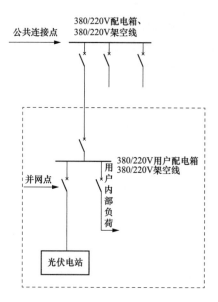

图 2-20　XGF380-Z-1 方案一次系统
接线示意图（方案一）

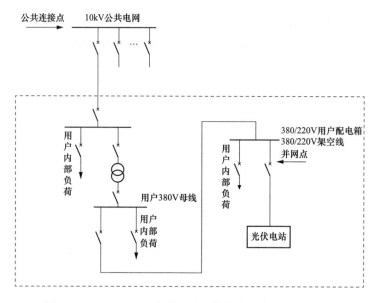

图 2-21　XGF380-Z-1 方案一次系统接线示意图（方案二）

八、单点接入系统典型设计方案 XGF380-Z-2

（一）方案概述

本方案为国家电网有限公司分布式光伏发电接入系统典型设计方案，方案号为 XGF380-Z-2。

本方案采用 1 回线路将分布式光伏发电接入 380V 用户配电室或箱式变压器，建议接入容量在 20～400kW 之间。

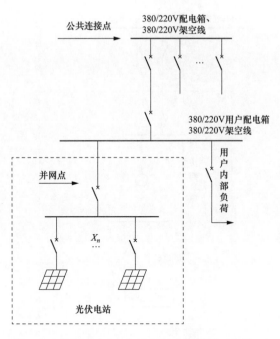

图 2-22 XGF380-Z-1 方案电气主接线图（方案一）

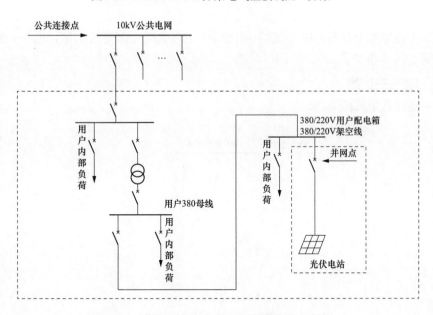

图 2-23 XGF380-Z-1 方案电气主接线图（方案二）

（二）接入系统一次

光伏电站接入系统方案需结合电网规划、分布式电源规划，按照就近分散接入，就地平衡消纳的原则进行设计。

（三）送出线路

通过 1 回线路接入用户配电室或箱式变压器低压母线。XGF380-Z-2 方案一次系统接线示意图见图 2-24。

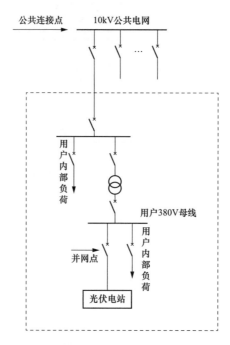

图 2-24 XGF380-Z-2 方案一次系统接线示意图

本方案主要适用于自发自用/余量上网（接入用户电网）的光伏电站，单个并网点参考装机容量为 20～400kW。

（四）电气主接线

电气主接线方案见图 2-25。

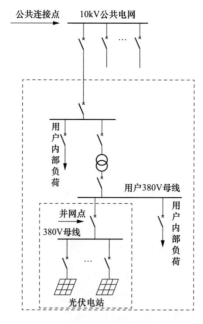

图 2-25 XGF380-Z-2 方案电气主接线图

【思考与练习】

1. 试绘出接入系统方案 XGF10-T-1 的一次系统接线示意图。
2. 试绘出接入系统方案 XGF380-Z-2 的电气主接线图。

第五节　分布式光伏多点接入系统典型设计方案

一、多点接入系统典型设计方案 XGF380-Z-Z1

（一）方案概述

本方案为国家电网有限公司分布式光伏发电接入系统典型设计方案，方案号为 XGF380-Z-Z1。

本方案采用多回线路将分布式光伏发电接入用户配电箱、配电室或箱式变压器低压母线。方案设计以光伏发电单点接入用户配电箱典型设计方案（XGF380-Z-1）和单点接入用户配电室或箱式变压器典型设计方案（XGF380-Z-2）为基础模块，进行组合设计。

（二）接入系统一次

光伏电站接入系统方案需结合电网规划、分布式电源规划，按照就近分散接入，就地平衡消纳的原则进行设计。

（三）送出线路

通过多回线路接入用户配电箱、配电室或箱式变压器低压母线。XGF380-Z-Z1 方案一次系统接线示意图见图 2-26、图 2-27。

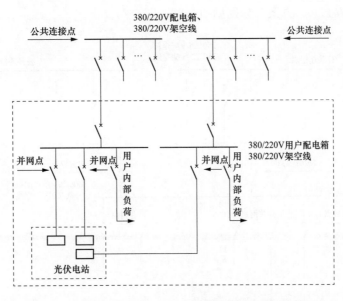

图 2-26　XGF380-Z-Z1 方案一次系统接线示意图（方案一）

本方案主要适用于自发自用/余量上网（接入用户电网）的光伏电站，单个并网点参考装机容量不大于 400kW，采用三相接入；装机容量为 8kW 及以下，可采用单相接入。

分布式光伏发电并网技能实训教材

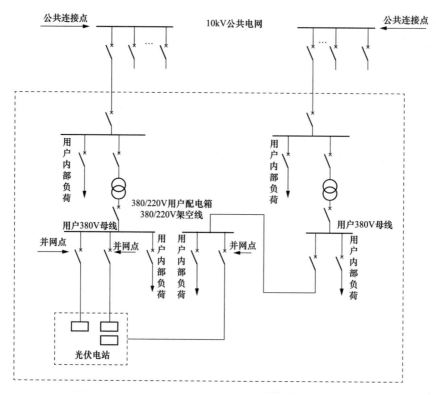

图 2-27　XGF380-Z-Z1 方案一次系统接线示意图（方案二）

（四）电气主接线

电气主接线方案一、方案二分别见图 2-28、图 2-29。

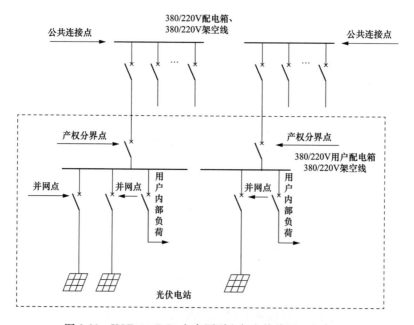

图 2-28　XGF380-Z-Z1 方案原则电气主接线图（方案一）

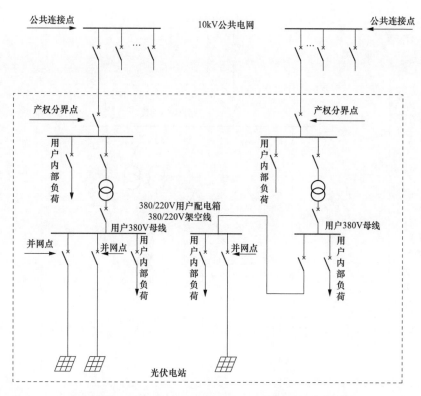

图 2-29　XGF380-Z-Z1 方案原则电气主接线图（方案二）

二、多点接入系统典型设计方案 XGF10-Z-Z1

（一）方案概述

本方案为国家电网有限公司分布式光伏发电接入系统典型设计方案，方案号为 XGF10-Z-Z1。

本方案采用多回线路将分布式光伏发电接入用户 10kV 开关站、配电室或箱式变压器。方案设计以光伏发电单点接入用户 10kV 开关站、配电室或箱式变压器典型设计方案（XGF10-Z-1）为基础模块，进行组合设计。

（二）接入系统一次

光伏电站接入系统方案需结合电网规划、分布式电源规划，按照就近分散接入，就地平衡消纳的原则进行设计。

（三）送出线路

通过多回 10kV 线路接入用户 10kV 开关站、配电室或箱式变压器。XGF10-Z-Z1 方案一次系统接线示意图见图 2-30、图 2-31。当并网点与接入点之间距离很短时，可以在光伏电站与用户母线之间只装设一个开关设备，并将相关保护配置于该开关设备。

本方案主要适用于同一用户内部自发自用/余量上网（接入用户电网）的光伏电站。接入用户 10kV 开关站、配电室或箱式变压器，单个并网点参考装机容量为 400kW～6MW。

（四）电气主接线

电气主接线方案一、方案二分别见图 2-32、图 2-33。

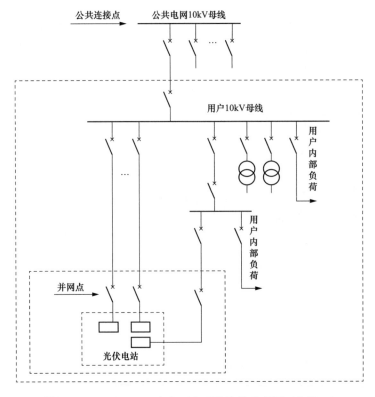

图 2-30　XGF10-Z-Z1 方案一次系统接线示意图（方案一）

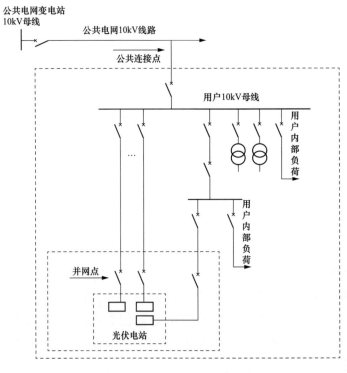

图 2-31　XGF10-Z-Z1 方案一次系统接线示意图（方案二）

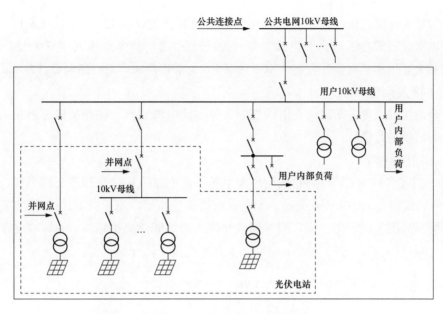

图 2-32　XGF10-Z-Z1 方案电气主接线图（方案一）

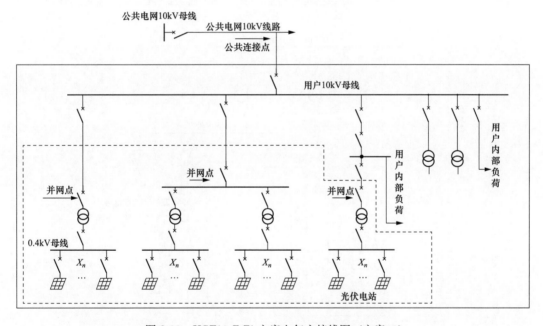

图 2-33　XGF10-Z-Z1 方案电气主接线图（方案二）

三、多点接入系统典型设计方案 XGF380/10-Z-Z1

（一）方案概述

本方案为国家电网有限公司分布式光伏发电接入系统典型设计方案，方案号为
XGF380/10-Z-Z1。

本方案以 380V/10kV 电压等级将分布式光伏发电接入用户电网，380V 接入点为用户
配电箱、配电室或箱式变压器低压母线，10kV 接入点为用户 10kV 开关站、配电室或箱式

变压器。方案设计以光伏发电单点接入用户配电箱典型设计方案（XGF380-Z-1）、单点接入用户配电室或箱式变压器典型设计方案（XGF380-Z-2）和单点接入用户 10kV 开关站、配电室或箱式变压器典型设计方案（XGF10-Z-1）为基础模块，进行组合设计。

（二）接入系统一次

光伏电站接入系统方案需结合电网规划、分布式电源规划，按照就近分散接入，就地平衡消纳的原则进行设计。

（三）送出线路

通过 1 回或多回 380V 线路接入用户配电箱、配电室或箱式变压器低压母线、以 1 回或多回 10kV 线路接入 10kV 开关站、配电室或箱式变压器。XGF380/10-Z-Z1 方案一次系统接线示意图见图 2-34、图 2-35。当并网点与接入点之间距离很短时，可以在光伏电站与用户母线之间只装设一个开关设备，并将相关保护配置于该开关设备。

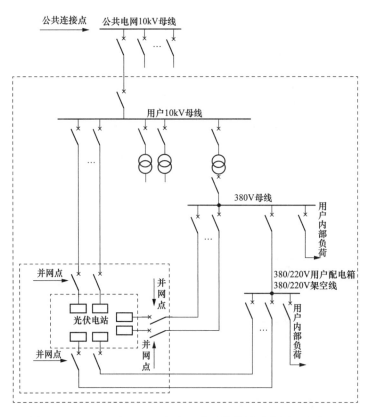

图 2-34　XGF380/10-Z-Z1 方案一次系统接线示意图（方案一）

本方案主要适用于自发自用/余量上网（接入用户电网）的光伏电站。接入配电箱时，单个并网点参考装机容量不大于 400kW，采用三相接入，装机容量为 8kW 及以下，可采用单相接入；接入配电室或箱式变压器低压母线时，单个并网点参考装机容量为 20～400kW；接入用户 10kV 开关站、配电室或箱式变压器时，单个并网点参考装机容量为 400kW～6MW。

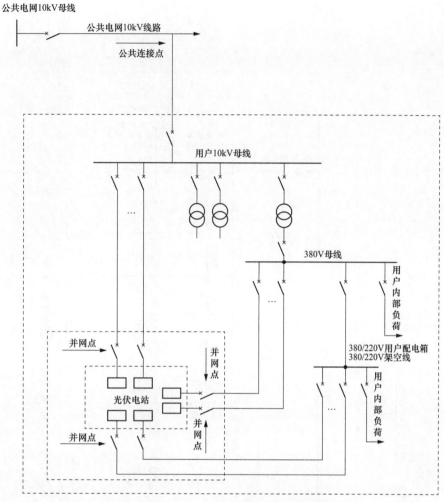

图 2-35 XGF380/10-Z-Z1 方案一次系统接线示意图（方案二）

（四）电气主接线

电气主接线方案一、方案二分别见图 2-36、图 2-37。

四、多点接入系统典型设计方案 XGF380-T-Z1

（一）方案概述

本方案为国家电网有限公司分布式光伏发电接入系统典型设计方案，方案号为 XGF380-T-Z1。

本方案采用多回线路将分布式光伏发电接入公共电网配电箱、配电室或箱式变压器低压母线。方案设计以光伏发电单点接入公共电网配电箱典型计方案（XGF380-T-1）和单点接入公共电网配电室或箱式变压器低压母线型设计方案（XGF380-T-2）为基础模块，进行组合设计。

（二）接入系统一次

光伏电站接入系统方案需结合电网规划、分布式电源规划，按照就近分散接入，就地平衡消纳的原则进行设计。

37

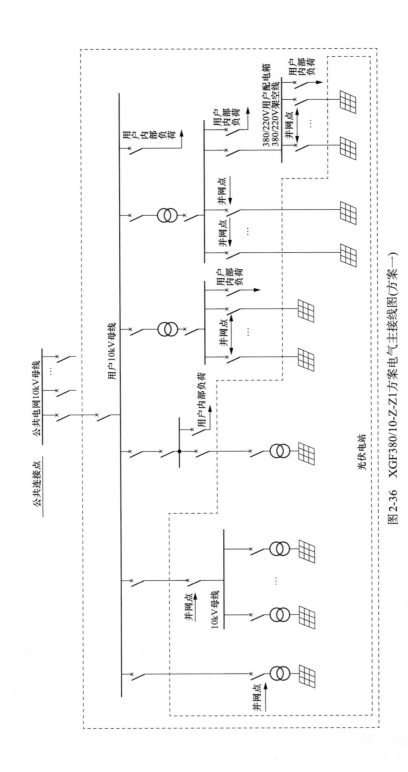

图2-36 XGF380/10-Z-Z1方案电气主接线图(方案一)

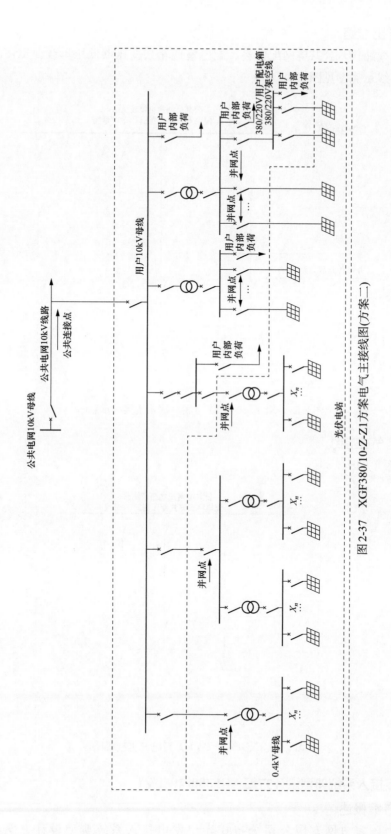

图 2-37　XGF380/10-Z-Z1方案电气主接线图(方案二)

（三）送出线路

通过多回线路接入公共电网配电箱、配电室或箱式变压器低压母线。XGF380-T-Z1 方案一次系统接线示意图见图 2-38。

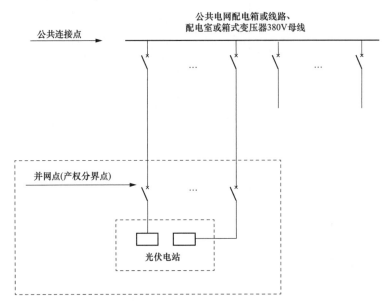

图 2-38　XGF380-T-Z1 方案一次系统接线示意图

（四）电气主接线

电气主接线见图 2-39。

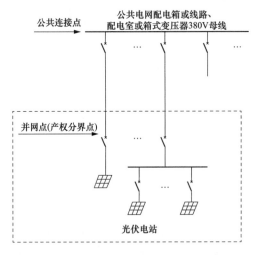

图 2-39　XGF380-T-Z1 方案电气主接线图

五、多点接入系统典型设计方案 XGF380/10-T-Z1

（一）方案概述

本方案为国家电网有限公司分布式光伏发电接入系统典型设计方案，方案号为

XGF380/10-T-Z1。

本方案以 380V/10kV 电压等级将分布式光伏接入公共电网，380V 接入点为公共电网配电箱、配电室或箱式变压器低压母线，10kV 接入点为公共电网变电站 10kV 母线、T 接接入公共电网 10kV 线路或公共电网开关站、配电室或箱式变压器 10kV 母线。方案设计以光伏发电单点接入公共电网配电箱典型设计方案（XGF380-T-1）、单点接入公共电网配电室或箱式变压器典型设计方案（XGF380-T-2）、单点接入公共电网变电站 10kV 母线典型设计方案（XGF10-T-1）、单点接入公共电网开关站、配电室或箱式变压器 10kV 母线典型设计方案（XGF10-T-2）和单点 T 接接入公共电网 10kV 线路典型设计方案（XGF10-T-3）为基础模块，进行组合设计。

（二）接入系统一次

光伏电站接入系统方案需结合电网规划、分布式电源规划，按照就近分散接入，就地平衡消纳的原则进行设计。

（三）送出线路

通过 1 回或多回 380V 线路接入公共电网配电箱、配电室或箱式变压器低压母线，以 1 回或多回 10kV 线路接入公共电网变电站 10kV 母线，T 接接入公共电网 10kV 线路或公共电网开关站、配电室或箱式变压器 10kV 母线。XGF380/10-T-Z1 方案一次系统接线示意图见图 2-40。

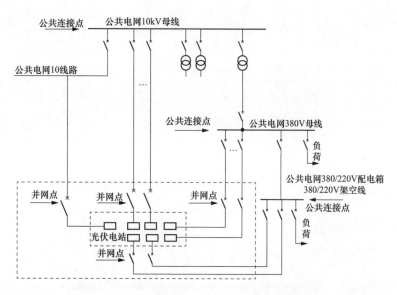

图 2-40　XGF380/10-T-Z1 方案一次系统接线示意图

本方案主要适用于统购统销（接入公共电网）的光伏电站，380V 公共连接点为公共电网配电箱、配电室或箱式变压器低压母线，10kV 公共连接点为公共电网变电站 10kV 母线、公共电网 10kV 线路 T 接点或公共电网开关站、配电室或箱式变压器 10kV 母线。

（四）电气主接线

电气主接线见图 2-41。

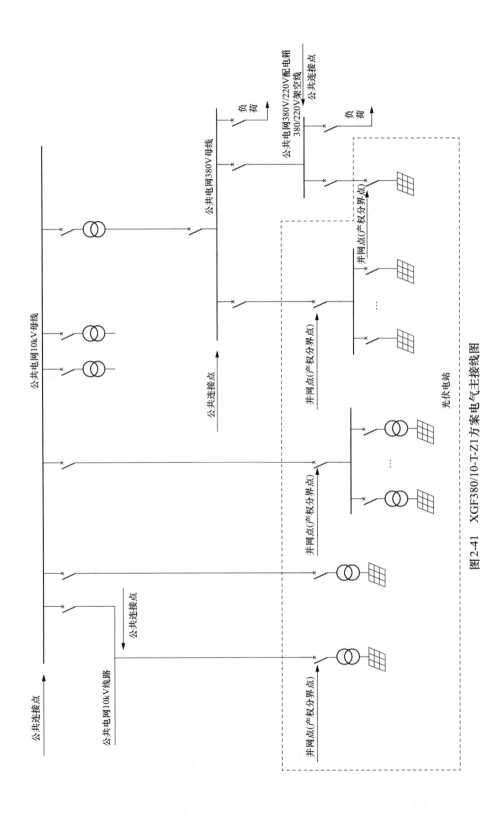

图2-41　XGF380/10-T-Z1方案电气主接线图

【思考与练习】

1. 试绘出接入系统方案 XGF10-Z-Z1 的一次系统接线示意图。

2. 试绘出接入系统方案 XGF380/10-T-Z1 的电气主接线图。

第六节　主要设备选择原则

一、主接线

（1）380V：采用单元或单母线接线。

（2）10kV：采用线路变压器组或单母线接线。

（3）分布式光伏发电内部设备接地形式：分布式光伏的接地方式应与配电网侧接地方式一致，并应满足人身设备安全和保护配合的要求。采用 10kV 电压等级直接并网的同步发电机中性点需经避雷器接地。

二、升压站主变压器

升压用变压器容量采用 315、400、500、630、800、1000、1250kVA 或多台组合，电压等级为 10/0.4kV。若变压器同时为负荷供电，可根据实际情况选择容量。

三、送出线路导线截面

分布式光伏发电送出线路导线截面选择应遵循以下原则：

（1）分布式光伏发电送出线路导线截面选择需根据所需送出的容量、并网电压等级选取，并考虑分布式电源发电效率等因素。

（2）分布式光伏发电送出线路导线截面一般按持续极限输送容量选择。

（3）380V 电缆可选用 120、150、185、240mm² 等截面，10kV 架空线可选用 70、120、185、240mm² 等截面，10kV 电缆可选用 70、185、240、300mm² 等截面。当接入公共电网时，应结合本地配电网规划与建设情况选择适合的导线。

四、断路器型式

（1）380V：分布式光伏发电并网点应安装易操作、具有明显开断指示、具备开断故障电流能力的断路器。断路器可选用微型、塑壳式或万能断路器，根据短路电流水平选择设备开断能力，并需留有一定裕度，应具备电源端与负荷端反接能力。

其中，逆变器类型电源并网点应安装低压并网专用断路器，专用断路器应具备失压跳闸及检有压合闸功能，失压跳闸定值整定为 $20\%U_N$（额定电压）、10s，检有压定值宜整定为大于 $85\%U_N$。

（2）10kV：分布式光伏发电并网点应安装易操作、可闭锁、具有明显开断点、带接地功能、可开断故障电流的断路器。

当分布式光伏发电并网公共连接点为负荷开关时，需改造为断路器根据短路电流水平选择设备开断能力，并需留有一定裕度，一般采用 20kA 或 25kA。

五、无功配置

1. 380V

通过 380V 电压等级并网的光伏发电系统保证并网点处功率因数在 0.95（超前）～0.95

（滞后）范围内连续可调。

通过 380V 电压等级并网的其他分布式电源保证并网点处功率因数在 0.95（超前）～0.95（滞后）范围内连续可调。

2. 10kV

分布式发电系统的无功功率和电压调节能力满足相关标准的要求，选择合理的无功补偿措施；分布式发电系统无功补偿容量的计算应充分考虑逆变器功率因数、汇集线路、变压器和送出线路的无功损失等因素。

（1）接入用户系统、自发自用（含余量上网）的分布式光伏发电系统功率因数应实现 0.95（超前）～0.95（滞后）范围内连续可调。

（2）接入公共电网的分布式光伏发电系统功率因数应实现 0.98（超前）～0.98（滞后）范围内连续可调；并网同步发电机分布式电源，功率因数应实现 0.95（超前）～0.95（滞后）范围内连续可调。

（3）并网感应发电机及除光伏外逆变器并网分布式电源，功率因数应实现 0.98（超前）～0.98（滞后）范围内连续可调。

（4）分布式发电系统配置的无功补偿装置类型、容量及安装位置应结合分布式发电系统实际接入情况确定，必要时安装动态无功补偿装置。

六、并网逆变器

分布式发电并网逆变器严格执行现行国家、行业标准中规定的包括元件容量、电能质量和低压、低频、高频、接地等涉网保护方面要求。

七、反孤岛装置

分布式光伏发电接入公网 380V 系统，当接入容量超过本台区配电变压器额定容量的 25% 时，相应公网配电变压器低压侧熔断器式隔离开关应改造为低压总断路器，并在配电变压器低压母线处装设反孤岛装置；低压总断路器应与反孤岛装置间具备操作闭锁功能，母线间有联络时，联络断路器也应与反孤岛装置间具备操作闭锁功能。

八、电能质量在线监测

（1）10kV 接入时，需在并网点配置电能质量在线监测装置；必要时，需在公共连接点处对电能质量进行检测。电能质量参数包括电压、频率、谐波、功率因数等。

（2）380 接入时，计量电能表应具备电能质量在线监测功能，可监测三相不平衡电流。

（3）同步发电机类型分布式发电系统接入时，不配置电能质量在线监测装置。

九、防雷接地装置

在分布式发电接入系统设计中应充分考虑雷击及内部过电压的危害，按照相关技术规范的要求，装设避雷器和接地装置。

系统一次部分：10kV 系统采用交流无间隙金属氧化物避雷器进行过电压保护。220V/380V 各回出线和中性线可采用低压阀型避雷器。

系统二次部分：为了防止雷击感应影响二次设备安全及可靠性，全部金属物包括设备、机架、金属管道、电缆的金属外皮等均应单独与接地干网可靠连接。

接地符合 GB/T 50065《交流电气装置的接地设计规范》要求，电气装置过电压保护满足 DL/T 620《交流电气装置的过电压保护和绝缘配合》要求。

十、安全防护

（1）通过 380V 电压等级并网的分布式发电，连接电源和电网的专用低压开关柜应有醒目标识。标识应标明"警告""双电源"等提示性文字和符号。标识的形状、颜色、尺寸和高度按照 GB 2894《安全标志及其使用导则》的规定执行。

（2）通过 10(6)～35kV 电压等级并网的分布式发电，根据 GB 2894《安全标志及其使用导则》的要求在电气设备和线路附近标识"当心触电"等提示性文字和符号。

【思考与练习】

1. 简述分布式光伏发电并网设备中主接线的选择要求。

2. 简述分布式光伏发电并网设备中断路器型式的选择要求。

3. 简述分布式光伏发电并网设备中防雷接地装置的选择要求。

第七节　系统继电保护及安全自动装置

一、内容与深度要求

（一）主要设计内容

主要设计内容包括继电保护、防孤岛及安全自动装置配置方案等。

（二）设计深度

1. 系统继电保护

根据分布式光伏发电并网接入系统方案，提出系统继电保护的配置原则及配置方案。

2. 安全自动装置

（1）根据分布式光伏发电接入系统方案，提出安全自动装置配置原则及配置方案。

（2）提出频率电压异常紧急控制装置配置需求及方案。

（3）当分布式光伏发电不具备稳定功率输出的能力，接入系统时需提出防孤岛检测配置方案，提出防孤岛与备自投装置、自动重合闸等自动装置配合的要求。

（4）根据分布式光伏发电类型及接入系统运营方式，提出防逆流保护配置方案。

（三）其他

提出继电保护及安全自动装置对电流互感器、电压互感器（或带电显示器）、对时系统和直流电源等的技术要求。

二、技术原则

（一）一般性要求

分布式光伏发电的继电保护及安全自动装置配置满足可靠性、选择性、灵敏性和速动性的要求，其技术条件符合 GB/T 14285《继电保护和安全自动装置技术规程》、DL/T 584《3kV～110kV 电网继电保护装置运行整定规程》和 GB 50054《低压配电设计规范》的要求。

（二）线路保护

线路保护以保证公共电网的可靠性为原则，兼顾分布式光伏的运行方式，采取有效的保护方案。

1. 380/220V 电压等级接入

380/220V 电压等级接入分布式光伏以 380/220V 电压等级接入公共电网时，并网点和公共连接点的断路器具备短路瞬时、长延时保护功能和分励脱扣、失压跳闸及低压闭锁合闸等功能。

2. 10kV 电压等级接入

（1）送出线路继电保护配置。

1）采用专用送出线路接入系统。分布式光伏发电采用专用送出线路接入变电站或开关站 10kV 母线时，一般情况下配置（方向）过电流保护，也可以配置距离保护；当上述两种保护无法整定或配合困难时，需增配纵联电流差动保护。

2）采用 T 接线路接入系统。分布式光伏发电采用 T 接线路接入系统时，为了保证其他用户的供电可靠性，一般情况下需在分布式光伏发电站侧配置无延时过电流保护反映内部故障。

（2）系统侧相关保护校验及完善要求。

1）分布式光伏发电接入配电网后，对分布式电源送出线路相邻线路现有保护进行校验，当不满足要求时，调整保护配置。

2）分布式光伏发电接入配电网后，校验相邻线路的开关和电流互感器是否满足要求（最大短路电流）。

3）分布式光伏发电接入配电网后，在必要时按双侧电源线路完善保护配置。

（三）母线保护

（1）分布式光伏发电系统设有母线时，可不设专用母线保护，发生故障时可由母线有源连接元件的后备保护切除故障。有特殊要求时，如后备保护时限不能满足要求，也可相应配置保护装置，快速切除母线故障。

（2）需对变电站或开关站侧的母线保护进行校验，若不能满足要求时，则变电站或开关站侧需要配置保护装置，快速切除母线故障。

（四）孤岛检测及安全自动装置

1. 孤岛检测

（1）分布式光伏发电逆变器必须具备快速检测孤岛且检测到孤岛后立即断开与电网连接的能力，其防孤岛方案与继电保护配置、频率电压异常紧急控制装置配置和低电压穿越等相配合，时限上互相匹配。

（2）同步发电机、感应发电机类型分布式发电，无须专门设置孤岛保护。分布式电源切除时间与线路保护、重合闸、备自投等配合，以避免非同期合闸。

（3）有计划性孤岛要求的分布式发电系统，配置频率、电压控制装置，孤岛内出现电压、频率异常时，可对发电系统进行控制。

2. 安全自动装置

（1）分布式发电接入系统的安全自动装置应该实现频率电压异常紧急控制功能，按照整定值跳开并网点断路器。

（2）分布式发电 10kV 电压等级接入系统时，需在并网点设置安全自动装置；若 10kV 线路保护具备失压跳闸及低压闭锁合闸功能，可以按 U_N 实现解列，也可不配置具备该功能的自动装置。

（3）380V 电压等级接入时，不独立配置安全自动装置。

（五）防逆流保护

为满足运行要求，当同步发电机直接接入电网的分布式发电设计为不可逆并网方式时（自发自用但余量不上网运营模式），公共连接点处应装设防逆流保护装置。

经逆变器和感应发电机并网的分布式电源不配置防逆流保护装置。

（六）其他

（1）当以 10kV 电压等级接入公共电网环网柜、开关站等时，环网柜或开关站需要进行相应改造，具备二次电源和设备安装条件。对于空间实在无法满足需求的，可选用壁挂式、分散式直流电源模块，实现分布式光伏发电接入系统方案的要求。

（2）系统侧变电站或开关站线路保护重合闸检无压配置根据当地调度主管部门要求设置，必要时配置单相 TV；接入分布式光伏且未配置 TV 的线路原则上取消重合闸。

（3）10kV 电压等级接入系统的分布式发电电站内需具备直流电源，供新配置的保护装置、测控装置、电能质量在线监测装置等设备使用。

（4）10kV 电压等级接入系统的分布式光伏电站内需配置 UPS 交流电源，供关口电能表、电能量终端服务器、交换机等设备使用。

（5）分布式发电并网逆变器应具备过电流保护与短路保护、孤岛检测功能，具备在频率电压异常时自动脱离系统的功能。

（6）发电机类并网的分布式电源其发电机本体具有反映内部故障及过载等异常运行情况的保护功能。

【思考与练习】

1. 380/220V 电压等级接入分布式光伏发电以 380/220V 电压等级接入公共电网时，线路保护的技术原则是什么？

2. 分布式光伏发电中防逆流保护的技术原则是什么？

第八节　系统调度自动化

一、内容与设计要求

（一）主要设计内容

主要设计内容包括调度管理关系确定、系统远动配置方案、远动信息采集、通道组织及二次安全防护、电能质量在线监测、线路同期等内容。

（二）设计深度

（1）根据配电网调度管理规定，结合发电系统的容量和接入配电网电压等级确定发电系统调度关系。

（2）根据调度关系确定是否接入远端调度自动化系统，并明确接入调度自动化系统的远动系统配置方案。

（3）根据调度自动化系统的要求，提出信息采集内容、通信规约及通道配置要求。

（4）根据调度关系组织远动系统至相应调度端的远动通道，明确通信规约、通信速率或带宽。

（5）提出相关调度端自动化系统的接口技术要求。

（6）根据本工程各应用系统与网络信息交换、信息传输和安全隔离要求，提出二次系统安全防护方案、设备配置需求。

（7）根据相关调度端有功功率、无功功率控制的总体要求，分析发电系统在配电网中的地位和作用，确定远动系统是否参与有功功率控制与无功功率控制，并明确参与控制的上下行信息及控制方案。

（8）明确电能质量监测点和监测量。

（9）暂不考虑风功率、光伏发电功率预测系统。

（10）对有同期要求线路，提出同期方案。

二、技术原则

（一）调度管理

分布式发电项目调度管理按以下原则执行：

（1）10kV 电压等级接入的分布式发电项目，纳入地（市）或县公司调控中心调度运行管理，上传信息包括并网设备状态、并网点电压、电流、有功功率、无功功率和发电量，调控中心应实时监视运行情况。

（2）380/200V 电压等级接入的分布式发电项目，同步发电机类型的分布式发电需上传发电量信息，并具备并网点开关状态信息采集和上传能力；其他类型分布式电源接入暂时只需上传发电量信息。

（二）远动系统

（1）380/220V 电压等级接入的同步发电机类型分布式电源，并网点开关状态信息及发电量信息采用专用装置实现统一采集和远传。

（2）380/220V 电压等级接入的其他类型分布式发电，按照相关暂行规定，只考虑采集关口计费电能表计量信息，可通过配置无线采集终端装置或接入现有集抄系统实现电量信息采集及远传，一般不配置独立的远动系统。

（3）10kV 电压等级接入的分布式发电本体远动系统功能由本体监控系统集成，本体监控系统具备信息远传功能；本体不具备条件时，需独立配置远方终端，采集相关信息。

（4）10kV/380V 多点、多电压等级接入时，380V 部分信息由 10kV 电压等级接入的分布式发电本体远动系统功能统一采集并远传。

（三）远动信息内容

（1）380V 电压等级接入：分布式发电的关口电量信息。

（2）10kV 电压等级接入具备与电力系统调度机构之间进行数据通信的能力，能够采集电源并网状态、电流、电压、有功、无功、发电量等电气运行工况，上传至电网调度机构。

（四）功率控制要求

当调度端对分布式发电有功率控制要求时，需明确参与控制的上下行信息及控制方案。

（五）同期装置

经电力电子设备（逆变器）接入系统的分布式发电（含双馈型风电），并网由电力电子设备实现，不配置同期装置。

（六）信息传输

（1）分布式发电远动信息上传采用专网方式，可单路配置专网远动通道，优先采用电力调度数据网络。

（2）条件不具备或接入用户侧，且无控制要求的分布式发电系统，可采用无线公网通信方式，但应采取信息安全防护措施。

（3）通信方式和信息传输符合相关标准的要求，一般可采取基于 DL/T 634.5101《远动设备及系统　第 5-101 部分：传输规约　基本远动任务配套标准》和 DL/T 634.5104《远动设备及系统　第 5-104 部分：传输规约　采用标准传输协议的 IEC 60870-5-101 网络访问》通信协议。

（七）安全防护

分布式光伏发电并网接入时，满足"安全分区、网络专用、横向隔离、纵向认证"的二次安全防护总体原则，需配置相应的安全防护设备。

（八）对时方式

分布式光伏发电 10kV 并网接入时，测控装置及远动系统应能够实现接受对时功能，可以采用北斗或 GPS 对时方式，也可采用网络对时方式。

【思考与练习】

1. 分布式光伏发电并网系统中，系统调度自动化远动信息内容设计的技术原则是什么？
2. 分布式光伏发电并网系统中，系统调度自动化安全防护设计的技术原则是什么？

第九节　电能计量及结算

一、内容与深度要求

（一）设计内容

设计内容主要包括计费关口点设置、电能表计配置、计量装置精度、传输信息及通道要求等。

（二）设计深度要求

（1）提出相关电能量计费系统的计量关口点的设置原则并确定分布式发电系统的计费

关口点。

(2) 提出对关口点电能量计量装置的计量要求及精度等级要求。

(3) 提出对计量专用电流互感器、电压互感器的技术要求。

(4) 提出电能量计量装置的通信接口技术要求。

(5) 确定向相关调度端传送电能量计量信息的内容、通道及通信规约。

二、技术原则

(1) 电能表按照计量用途分为两类:关口计量电能表,装于关口计量点,用于用户与电网间的上、下网电量分别计量;并网电能表,装于分布式电源并网点,用于发电量统计,为电价补偿提供数据。

1) 分布式发电系统接入配电网前,应明确上网电量和下网电量关口计量点,原则上设置在产权分界点,上、下网电量分开计量,分别结算。产权分界处按国家有关规定确定,产权分界处不适宜安装电能计量装置的,关口计量点由分布式电源业主与电网企业协商确定。分布式电源发电系统并网点应设置并网电能表,用于分布式电源发电量统计和电价补偿。

2) 运营模式为自发自用时,需配置专用关口计量电能表,并要求将计费信息上传至运行管理部门。当运营模式为自发自用且余量不上网时,也可按照常规用户配置关口计量电能表。

3) 对于统购统销运营模式,可由专用关口计量电能表同时完成电价补偿计量和关口电费计量功能。

(2) 每个计量点均应装设电能计量装置,其设备配置和技术要求符合 DL/T 448《电能计量装置技术管理规程》,以及相关标准、规程要求。电能表采用静止式多功能电能表,技术性能符合 GB/T 17215.322《交流电测量设备 特殊要求 第 22 部分:静止式有功电能表(0.2S 级和 0.5S 级)》和 DL/T 614《多功能电能表》的要求。电能表具备双向有功和四象限无功计量功能、事件记录功能,配有标准通信接口,具备本地通信和通过电能信息采集终端远程通信的功能,电能表通信协议符合 DL/T 645《多功能电能表通信协议》。

10kV 及以下电压等级接入配电网,关口计量装置一般选用不低于 Ⅱ 类电能计量装置。

380/220V 电压等级接入配电网,关口计量装置一般选用不低于 Ⅲ 类电能计量装置。

(3) 通过 10kV 电压等级接入的分布式发电系统,关口计量点安装同型号、同规格、准确度相同的主、副电能表各一套。380/220V 电压等级接入的分布式发电系统电能表单套配置。

(4) 10kV 电压等级接入时,电能量关口点设置专用电能量信息采集终端,采集信息可支持接入多个的电能信息采集系统。

380V 电压等级接入时,可采用无线集采方式。

多点、多电压等级接入的组合方案,各表计计量信息统一采集后,传输至相关主管部门。

(5) 10kV 电压等级接入时,计量用互感器的二次计量绕组应专用,不得接入与电能计量无关的设备。

（6）电能计量装置配置专用的整体式电能计量柜（箱），电流、电压互感器在一个柜内。在电流、电压互感器分柜的情况下，电能表安装在电流互感器柜内。

（7）计量电流互感器和电压互感器精度要求 10kV 电能计量装置采用计量专用电压互感器（准确度 0.2）、电流互感器（准确度 0.2S）。

380/220V 电能计量装置采用计量专用电压互感器（准确度 0.5）、专用电流互感器（准确度采用 0.5S）。

（8）以 380/220V 电压等级接入的分布式发电系统的电能计量装置，应具备电流、电压、电量等信息采集和三相电流不平衡监测功能，具备上传接口。

【思考与练习】

1. 在分布式光伏发电并网系统中，电能表按照计量用途分为哪几类？

2. 在分布式光伏发电并网系统中，计量电流互感器和电压互感器精度要求是如何规定的？

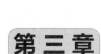

第三章

分布式光伏发电项目建设

第一节 政 策 概 述

一、分布式光伏发电项目补贴办法

(一) 项目确认

国家对分布式光伏发电项目按电量给予补贴,补贴资金通过电网企业转付给分布式光伏发电项目单位。申请补贴的分布式光伏发电项目必须符合以下条件:

(1) 按照相关程序完成备案。

(2) 项目建成投产,符合并网相关条件,并完成并网验收等电网接入工作。

符合上述条件的项目可向所在地电网企业提出申请,经同级财政、价格、能源主管部门审核后逐级上报。国家电网有限公司、中国南方电网有限责任公司(以下简称南方电网公司)经营范围内的项目,由其下属省(区、市)电力公司汇总,并经省级财政、价格、能源主管部门审核同意后报国家电网有限公司和南方电网公司。国家电网有限公司和南方电网公司审核汇总后报财政部、国家发展改革委、国家能源局。地方独立电网企业经营范围内的项目,审核汇总后,报项目所在地省级财政、价格、能源主管部门,省级财政、价格、能源管理部门审核后报财政部、国家发展改革委、国家能源局。财政部、国家发展改革委、国家能源局对报送项目组织审核,并将符合条件的项目列入补助目录予以公告。

享受金太阳示范工程补助资金、太阳能光电建筑应用财政补助资金的项目不属于分布式光伏发电补贴范围。光伏电站执行价格主管部门确定的光伏发电上网电价,不属于分布式光伏发电补贴范围。

(二) 补贴标准

补贴标准综合考虑分布式光伏上网电价、发电成本和销售电价等情况确定,并适时调整。

(三) 补贴电量

电网企业按用户抄表周期对列入分布式光伏发电项目补贴目录内的项目发电量、上网电量和自发自用电量等进行抄表计量,作为计算补贴的依据。

(四) 资金拨付

中央财政根据可再生能源电价附加收入及分布式光伏发电项目预计发电量,按季向国家电网有限公司、南方电网公司及地方独立电网企业所在省级财政部门预拨补贴资金。电网企业根据项目发电量和国家确定的补贴标准，按电费结算周期及时支付补贴资金。具体支付办法由国家电网有限公司、南方电网公司、地方独立电网企业制定。国家电网有限公司和南方电网公司具体支付办法报财政部备案，地方独立电网企业具体支付办法报省级财政部门备案。

年度终了后1个月内，国家电网有限公司、南方电网公司对经营范围内的项目上年度补贴资金进行清算，经省级财政、价格、能源主管部门审核同意后报财政部、国家发展改革委、国家能源局。地方独立电网企业对经营范围内的项目上年度补贴资金进行清算，由省级财政部门会同价格、能源主管部门核报财政部、国家发展改革委、国家能源局。财政部会同国家发展改革委、国家能源局审核清算。

二、分布式光伏发电项目补贴政策

（1）对集中式光伏发电继续制定指导价。综合考虑2019年市场化竞价情况、技术进步等多方面因素，将纳入国家财政补贴范围的Ⅰ～Ⅲ类资源区新增集中式光伏电站指导价，分别确定为每千瓦时0.35元（含税，下同）、0.4元、0.49元。若指导价低于项目所在地燃煤发电基准价（含脱硫、脱硝、除尘电价），则指导价按当地燃煤发电基准价执行。新增集中式光伏电站上网电价原则上通过市场竞争方式确定，不得超过所在资源区指导价。

（2）降低工商业分布式光伏发电补贴标准。纳入2020年财政补贴规模，采用"自发自用、余量上网"模式的工商业分布式光伏发电项目，全发电量补贴标准调整为每千瓦时0.05元；采用"全额上网"模式的工商业分布式光伏发电项目，按所在资源区集中式光伏电站指导价执行。能源主管部门统一实行市场竞争方式配置的所有工商业分布式项目，市场竞争形成的价格不得超过所在资源区指导价，且补贴标准不得超过每千瓦时0.05元。

（3）降低户用分布式光伏发电补贴标准。纳入2020年财政补贴规模的户用分布式光伏全发电量补贴标准调整为每千瓦时0.08元。

（4）符合国家光伏扶贫项目相关管理规定的村级光伏扶贫电站（含联村电站）的上网电价保持不变。

（5）鼓励各地出台针对性扶持政策，支持光伏产业发展。

【思考与练习】

1. 申请补贴的分布式光伏发电项目必须符合哪些条件？
2. 分布式光伏发电项目补贴政策是什么？
3. 工商业分布式光伏发电补贴标准是什么？
4. 户用分布式光伏发电补贴标准是什么？

第二节　项　目　管　理

一、概述

为规范分布式光伏发电项目建设管理，推进分布式光伏发电应用，根据《中华人民共和国可再生能源法》《中华人民共和国电力法》《中华人民共和国行政许可法》以及《国务院关于促进光伏产业健康发展的若干意见》，国家综合能源局制定了《分布式光伏发电项目管理暂行办法》。

鼓励各类电力用户、投资企业、专业化合同能源服务公司、个人等作为项目单位，投资建设和经营分布式光伏发电项目。

二、职责划分

国务院能源主管部门负责全国分布式光伏发电指导和监督管理；地方能源主管部门在国务院能源主管部门指导下，负责本地区分布式光伏发电规划、建设的监督管理；国家能源局派出机构负责对本地区分布式光伏发电规划和政策执行、并网运行、市场公平及运行安全进行监管。

三、运营模式

分布式光伏发电实行"自发自用、余电上网、就近消纳、电网调节"的运营模式，电网企业采用先进技术优化电网运行管理，为分布式光伏发电运行提供系统支撑，保障电力用户安全用电，鼓励项目投资经营主体与同一供电区内的电力用户在电网企业配合下以多种方式实现分布式光伏发电就近消纳。

四、分布式光伏发电项目规模管理

（1）国务院能源主管部门依据全国光伏发电相关规划，各地区分布式发电需求和建设条件，对需要国家资金补贴的项目实行总量平衡和年度指导规模管理，不需要国家资金补贴的项目不纳入年度指导规模管理范围。

（2）省级能源主管部门依据本地区分布式光伏发电发展情况，提出下一年度需要国家资金补贴的项目规划申请。国务院能源主管部门结合各地项目资源、实际应用以及可再生能源电价附加征收情况，统筹协调平衡后，下达各地区年度指导规模，在年度中期可视各地区实施情况进行微调。

（3）国务院能源主管部门下达的分布式光伏发电年度指导规模，在该年度内未使用的规模指标自动失效，当年规模指标与实际需求差距较大的，地方能源主管部门可适时提出调整申请。

（4）鼓励各级地方政府通过市场竞争方式降低分布式光伏发电的补贴标准，优先支持申请低于国家补贴标准的分布式光伏发电项目建设。

五、分布式光伏发电项目备案

（1）省级以下能源主管部门依据国务院投资项目管理规定和国务院能源主管部门下达的本地区分布式光伏发电的年度指导规模指标，对分布式光伏发电项目实行备案管理，具体备案办法由省级人民政府制定。

（2）项目备案工作应依据分布式光伏发电项目特点尽可能简化程序，免除发电业务许可、规划选址、土地预审、水土保持、环境评价、节能评估及社会风险评估等支持性文件。

（3）对个人利用自有住宅及在住宅区域内建设的分布式光伏发电项目，由当地电网企业直接登记并集中向当地能源主管部门备案，不需要国家资金补贴的项目由省级能源主管部门自行管理。

（4）各级管理部门和项目单位不得自行变更项目备案文件的主要事项，包括投资主体、建设地点、项目规划、运营模式等，确需变更时，由备案部门按程序办理。

（5）在年度指导规模指标范围内的分布式光伏发电项目，自备案之日起两年内未建成投产的，在年度指导规模中取消，并同时取消享受国家资金补贴的资格。

（6）鼓励地方级或县级政府结合当地实际建设及电网接入申请、并网调试和验收、电费结算和补贴发放等相结合的分布式光伏发电项目备案、竣工验收等一站式服务体系，简化办理流程、提高管理效率。

六、分布式光伏发电项目建设条件

（1）分布式光伏发电项目所依托的建筑物及设施应具有合法性，项目单位与项目所依托的建筑物、场地及设施所有人非同一主体时，项目单位应与所有人签订建筑物、场地及设施的使用或租用协议，视经营方式与电力用户签订合同能源服务协议。

（2）分布式光伏发电项目的设计和安装应符合有关管理规定、设备标准、建筑工程规范和安全规范等要求，承担项目设计、勘查咨询、安装和监理的单位，应具有国家规定的相应资质。

（3）分布式光伏发电项目采用的光伏电池组件、逆变器等设备应通过符合国家规定的认证机构的检测认证，符合相关接入电网的技术要求。

七、分布式光伏发电项目电网接入和运行

（1）电网企业收到项目单位并网接入申请后，应在 20 个工作日内出具并网接入意见，对于集中多点接入的分布式光伏发电项目可延长到 30 个工作日。

（2）以 35kV 及以下电压等级接入电网的分布式光伏发电项目，由地级市或县级电网企业按照简化程序办理相关并网手续，并提供并网咨询、电能表安装、并网调试及验收等服务。

（3）以 35kV 以上电压等级接入电网且所发电量在并网点范围内使用的分布式光伏发电项目，电网企业应根据其接入方式、电量使用范围，本着简便和及时高效的原则做好并网管理，提供相关服务。

（4）接入公共电网的分布式光伏发电项目，接入系统工程以及因接入引起的公共电网改造部分由电网企业投资建设，接入用户侧的分布式光伏发电项目，用户侧的配套工程由项目单位投资建设，因项目接入电网引起的公共电网改造部分由电网企业投资建设。

（5）电网企业应采用先进运行控制技术，提高配电网智能化水平，为接纳分布式光伏发电创造条件，在分布式光伏发电安装规模较大、占电网负荷比重较高的供电区，电网企业应根据发展需要建设分布式光伏发电并网运行监测、功率预测和优化运行相结合的综合技术体系，实现分布式光伏发电高效利用和系统安全运行。

八、分布式光伏发电项目的电能计量与结算

（1）分布式光伏发电项目本体工程建成后，向电网企业提出并网调试和验收申请，电网企业指导和配合项目单位开展并网运行调试和验收，电网企业根据国家有关标准制定分布式光伏发电接入电网和并网运行验收办法。

（2）电网企业负责对分布式光伏发电项目的全部发电量、上网电量分开计量、免费提供并安装电能计量表，不向项目单位收取系统备用容量费。电网企业在有关并网接入和运行等所有环节提供的服务均不向项目单位收取费用。

（3）享受电量补贴政策的分布式光伏发电项目，由电网企业负责向项目单位按月转付国家补贴资金，按月结算余电上网电量电费。

（4）在经济开发区等相对独立的供电区统一组织建设的分布式光伏发电项目，余电上网部分可向该供电区内其他电力用户直接售电。

九、分布式光伏发电项目的产业信息监测

（1）组织地（市）级或县级能源主管部门按月汇总项目备案信息。省级能源主管部门按季分类汇总备案信息后报送国务院能源主管部门。

（2）各省级能源主管部门负责本地区分布式光伏发电项目建设和运行信息统计，并分别于每年7月，次年1月向国务院能源主管部门拟送上半年和上一年度的统计信息，同时抄送国家能源局及其派出监管机构、国家可再生能源信息中心。

（3）电网企业负责建设本级电网覆盖范围内分布式光伏发电的运行监测体系，配合本级能源主管部门向所在地的能源管理部门按季报送项目建设运行信息，包括项目建设、发电量、上网电量、电费和补贴发放与结算等信息。

（4）国务院能源主管部门委托国家可再生能源信息中心开展分布式光伏发电行业信息管理，组织研究制定工程设计、安装、验收等环节的标准规范，统计全国分布式光伏发电项目建设运行信息，分析评价行业发展现状和趋势，及时提出相关政策建议，报国务院能源主管部门批准，适时发布相关产业信息。

十、违规责任

电网企业未按照规定收购分布式光伏发电项目余电上网电量，造成项目单位损失的，应当按照《中华人民共和国可再生能源法》的规定承担经济赔偿责任。

【思考与练习】

1. 国家对分布式光伏接入电网规模管理有何规定？
2. 分布式光伏发电项目建设如何进行项目备案？
3. 国家对分布式光伏发电项目建设条件是如何规定的？
4. 国家如何对分布式光伏发电项目产业信息进行监测？

第三节 设 计 要 求

一、基本要求

（1）分布式光伏发电设计在满足安全性和可靠性的同时，应优先采用新技术、新工艺、新设备、新材料。

（2）光伏发电站的系统配置应保证输出电力的电能质量符合国家现行相关标准的规定。

（3）接入公用电网的光伏发电站应安装经当地质量技术监管机构认可的电能计量装置，并经校验合格后投入使用。

（4）建筑物上安装的光伏发电系统，不得降低相邻建筑物的日照标准。

（5）在既有建筑物上增设光伏发电系统，必须进行建筑物结构和电气的安全复核，并应满足建筑结构及电气的安全性要求。

（6）光伏发电站中的所有设备和部件应符合国家现行相关标准的规定，主要设备应通过国家批准的认证机构的产品认证。

二、分布式光伏发电系统

分布式光伏发电系统一般规定如下。

（1）光伏发电系统中，同一个逆变器接入的光伏组件串的电压、方阵朝向、安装倾角宜一致。

（2）光伏发电系统直流侧的设计电压高于光伏组件（在光伏发电系统中，将若干个光伏组件串联后，形成具有一定直流电输出的电路单元）。串在当地昼间极端气温下的最大开路电压，系统中所采用的设备和材料的最高允许电压不低于该设计电压。

（3）光伏发电系统中逆变器的配置容量与光伏方阵的安装容量相匹配，逆变器允许的最大直流输入功率不小于其对应的光伏方阵的实际最大直流输出功率。

（4）光伏组件串的最大功率工作电压变化范围在逆变器的最大功率跟踪电压范围内。

三、主要设备选择

（一）光伏组件的选择

光伏组件分为晶体硅光伏组件、薄膜光伏组件和聚光光伏组件三种类型。

（1）光伏组件根据类型、峰值功率、转换效率、温度系数、组件尺寸和重量、功率辐照度特性等技术条件进行选择。

（2）光伏组件按太阳辐照度、工作温度等使用环境条件进行性能参数校验。

（3）光伏组件的类型应按下列条件选择：

1）依据太阳辐射量、气候特征、场地面积等因素，经技术经济比较确定。

2）太阳辐射量较高、直射分量较大的地区宜选用晶体硅光伏组件或聚光光伏组件。

3）太阳辐射量较低、散射分量较大、环境温度较高的地区宜选用薄膜光伏组件。

（4）在与建筑相结合的光伏发电系统中，当技术经济合理时，宜选用与建筑结构相协调的光伏组件。建材型的光伏组件，应符合相应建筑材料或构件的技术要求。

（二）逆变器的选择

（1）用于并网光伏发电系统的逆变器性能应符合接入公用电网相关技术要求的规定，并具有有功功率和无功功率连续可调功能。

（2）逆变器应按型式、容量、相数、频率、冷却方式、功率因数、过载能力、温升、效率、输入输出电压、最大功率点跟踪（MPPT）、保护和监测功能、通信接口、防护等级等技术条件进行选择。

（3）湿热带、工业污秽严重和沿海滩涂地区使用的逆变器应考虑潮湿、污秽及盐雾的影响。

（4）海拔在 2000m 及以上高原地区使用的逆变器选用高原型（G）产品或采取降容使用措施。

（三）汇流箱的选择

（1）汇流箱应依据型式、绝缘水平、电压、温升、防护等级、输入输出回路数、输入输出额定电流等技术条件进行选择。

（2）汇流箱应具有下列保护功能：

1）应设置防雷保护装置；

2）汇流箱的输入回路宜具有防逆流及过电流保护；

3）对于多级汇流光伏发电系统，如果前级已有防逆流保护，则后级可不做防逆流保护；

4）汇流箱的输出回路应具有隔离保护措施；

5）宜设置监测装置。

（3）室内汇流箱的防护等级不低于 IP20；室外汇流箱应有防腐、防锈、防暴晒等措施，汇流箱箱体的防护等级不低于 IP54。

（4）对于装有光伏组件过电流保护的汇流箱，光伏组件的过电流保护能力不小于 1.25 倍的光伏组件短路电流。

（5）对于装有防反二极管的汇流箱，防反二极管的反向电压不低于 $U_{oc(STC)}$（标准条件下光伏组件串的开路电压）的 2 倍。

（6）汇流箱输出端应设置防雷器，正极、负极都应具备防雷功能，并符合 GB/T 32512《光伏发电站防雷技术要求》相关规定。

（7）汇流箱宜采集光伏组件串电流和电压，采集误差不大于 1%。

（8）汇流箱宜采集防雷器当前状态信息，当出现异常情况时能发出告警信号。

（9）汇流箱的绝缘要求：在电路与裸露导电部件之间，额定电压在 500V 及以下者用 500V 绝缘电阻表，500V 以上用 1000V 绝缘电阻表，每条电路对地标称电压为 500V 及以下的绝缘电阻不小于 0.5MΩ，500V 以上时绝缘电阻不小于 1MΩ。

（10）汇流箱的接地标志用黄绿色表示，在外接电缆的端子处标示 PE。

（四）光伏支架的选择

（1）光伏支架应结合工程实际选用材料、设计结构方案和构造措施，保证支架结构在运输、安装和使用过程中满足强度、稳定性和刚度要求，并符合抗震、抗风和防腐等要求。

（2）光伏支架材料宜采用钢材，材质的选用和支架设计应符合 GB 50017《钢结构设计标准》的规定。

（3）按承载能力极限状态计算支架结构和构件的强度、稳定性以及连接强度，按正常使用极限状态计算结构和构件的变形。

（4）按正常使用极限状态设计结构构件时，应采用荷载效应的标准组合。

（5）支架的荷载和荷载效应计算符合下列规定：

1）风荷载、雪荷载和温度荷载 GB 50009《建筑结构荷载规范》中 25 年一遇的荷载数值取值。

2）地面和楼顶支架风荷载的体型系数取 1.3。

3）建筑物立面安装的支架风荷载的确定符合 GB 50009《建筑结构荷载规范》的要求。

（6）钢支架及构件的变形在风荷载取标准值或在地震作用下，支架的柱顶位移不应大于柱高的 1/60。

（7）支架的防腐应符合下列要求：

1）支架在构造上应便于检查和清刷。

2）钢支架防腐宜采用热镀浸锌，镀锌层平均厚度不应小于 $55\mu m$。

3）当铝合金材料与除不锈钢以外的其他金属材料或与酸、碱性的非金属材料接触、紧固时，采取隔离措施。

4）铝合金支架应进行表面防腐处理，可采用阳极氧化处理措施，阳极氧化膜的最小厚度符合相关规定。

四、电气部分

1. 变压器

分布式光伏发电升压站主变压器的选择应符合 DL/T 5222《导体和电器选择设计技术规定》的规定，参数按 GB/T 6451《油浸式电力变压器技术参数和要求》、GB/T 10228《干式电力变压器技术参数和要求》、GB 20052《三相配电变压器能效限定值及能效等级》或 GB 24790《电力变压器能效限定值及能效等级》的规定进行选择。

分布式光伏发电升压变压器的选择应符合下列要求：

1）宜选用自冷式、低损耗电力变压器。

2）变压器容量可按光伏方阵单元模块（以一定数量的光伏组件串，通过直流汇流箱汇集，经逆变器逆变与隔离升压变压器升压成符合电网频率和电压要求的电源。又称单元发电模块。）最大输出功率选取。

3）可选用高压（低压）预装式箱式变电站或变压器、高低压电气设备等组成的装配式变电站。

4）对于在沿海或风沙大的光伏发电站，当采用户外布置时，沿海防护等级应达到 IP65，风沙大的光伏发电站防护等级应达到 IP54。

5）就地升压变压器可采用双绕组变压器或分裂变压器。

6）就地升压变压器宜选用无励磁调压变压器。

2. 电气主接线

（1）就地升压变压器的连接应符合下列要求：

1）逆变器与就地升压变压器的接线方案依据分布式光伏发电的容量、光伏方阵的布局、光伏组件的类别和逆变器的技术参数等条件，经技术经济比较确定。

2）一台就地升压变压器连接两台不自带隔离变压器的逆变器时，宜选用分裂变压器。

（2）接入母线电压等级应符合下列要求：

1）光伏发电站安装总容量小于或等于 1MW 时，宜采用 0.4～10kV 电压等级。

2）光伏发电站安装总容量大于 1MW，且不大于 30MW 时，采用 10～35kV 电压等级。

（3）光伏发电站安装容量小于或等于 30MW 时，采用单母线接线。

（4）母线上的电压互感器和避雷器应合用一组隔离开关，并组装在一个柜内。

（5）当采用消弧线圈接地时，应装设隔离开关。消弧线圈的容量选择和安装要求符合 DL/T 620《交流电气装置的过电压保护和绝缘配合》的规定。

3. 过电压保护和接地

（1）光伏发电站的升压站区和就地逆变升压室的过电压保护和接地符合 DL/T 620《交流电气装置的过电压保护和绝缘配合》和 GB/T 50065《交流电气装置的接地设计规范》的规定。

（2）光伏方阵场地内应设置接地网，接地网除应采用人工接地极外，还应充分利用支架基础的金属构件。

（3）光伏方阵接地应连续、可靠，接地电阻应小于 4Ω。

4. 电缆选择与敷设

（1）电缆的选择与敷设应符合 GB 50217《电力工程电缆设计标准》的规定，电缆截面应进行技术经济比较后选择确定。

（2）集中敷设于沟道、槽盒中的电缆选用 C 类阻燃电缆。

（3）光伏组件之间及组件与汇流箱之间的电缆应有固定措施和防晒措施。

（4）电缆敷设可采用直埋、电缆沟、电缆桥架、电缆线槽等方式。动力电缆和控制电缆宜分开排列。

（5）电缆沟不得作为排水通路。

（6）远距离传输时，网络电缆宜采用光纤电缆。

五、接入系统

1. 一般性技术准则

（1）分布式光伏发电接入配电网及储能系统的运行、监控应遵守相关的国家标准、行业标准和企业标准。

（2）分布式光伏发电可通过三相或单相接入配电网，其容量和接入点的电压等级：200kW 以上分布式光伏接入 10kV（6kV）及以上电压等级配电网；200kW 及以下分布式光伏接入 220/380V 电压等级配电网。

（3）分布式光伏发电接入配电网不得危及公众或操作人员的人身安全。

（4）分布式光伏发电接入配电网不应对电网的安全稳定运行产生任何不良影响。

（5）分布式光伏发电接入配电网后公共连接点处的电能质量应满足相关标准的要求。

（6）分布式光伏发电接入配电网不应改变现有电网的主保护配置。

（7）分布式光伏发电系统短路容量应小于公共电网接入点的短路容量。

2. 安全性要求

（1）当公共连接点处并入一个以上的分布式光伏电源点时，应总体考虑它们的影响。分布式光伏并网总容量原则上不宜超过上一级变压器供电区域内最大负荷的 25%。

（2）分布式光伏并网点的短路电流与分布式光伏额定电流之比不宜低于10。

（3）为保证设备和人身安全，分布式光伏系统必须具备相应继电保护功能，以保证电网和发电设备的安全运行，确保维修人员和公众人身安全，其保护装置的配置和选型必须满足所辖电网的技术规范和反事故措施。

（4）分布式光伏的接地方式应和电网侧的接地方式保持一致，并应满足人身设备安全和保护配合的要求。

（5）分布式光伏必须在并网点设置易于操作、可闭锁、具有明显断开点的并网断开装置，以确保电力设施检修维护人员的人身安全。

（6）安全标识。对于通过380V电压等级并网的分布式光伏，连接电源和电网的专用低压开关柜应有醒目标识。标识应标明"警告""双电源"等提示性文字和符号。标识的形状、颜色、尺寸和悬挂高度参照GB 2894《安全标志及其使用导则》执行；10（6）～35kV电压等级并网的分布式光伏根据GB 2894《安全标志及其使用导则》在电气设备和线路附近标识"当心触电"等提示性文字和符号。

3. 电能质量要求

（1）分布式光伏接入电网后引起电网公共连接点的谐波电压畸变率以及向电网公共连接点注入的谐波电流符合GB/T 14549《电能质量　公用电网谐波》的规定。

（2）分布式光伏接入电网后，公共连接点的电压符合GB/T 12325《电能质量　供电电压偏差》的规定。

（3）分布式光伏引起公共连接点处的电压波动和闪变符合GB/T 12326《电能质量　电压波动和闪变》的规定。

（4）分布式光伏并网运行时，公共连接点三相电压不平衡度符合GB/T 15543《电能质量　三相电压不平衡》的规定。

（5）分布式光伏并网运行时，向电网馈送的直流电流分量不超过其交流额定值的0.5%。

4. 并网检测技术要求

（1）分布式光伏接入电网的检测点为电源并网点，必须由具有相应资质的单位或部门进行检测，并在检测前将检测方案报所接入电网调度机构备案；分布式光伏应当在并网运行后6个月内向电网调度机构提供有资质单位出具的有关电源运行特性的检测报告，以表明该电源满足接入电网的相关规定；当分布式光伏更换主要设备时，需要重新提交检测报告。

（2）检测内容：检测应按照国家或有关行业对分布式光伏并网运行制定的相关标准或规定进行，必须包括但不仅限于以下内容：

1）有功输出特性，有功和无功控制特性。

2）电能质量，包括谐波、电压偏差、电压不平衡度、电压波动和闪变、电磁兼容等。

3）电压电流与频率响应特性。

4）安全与保护功能。

5）电源启停对电网的影响。

6）调度运行机构要求的其他并网检测项目。

5. 电网异常时应具备的响应能力

（1）电压响应能力。分布式光伏并网时输出电压应与电网电压相匹配。当电网电压过高或者过低时，要求与之相连的分布式光伏做出响应。该响应必须确保供电机构维修人员和一般公众的人身安全，同时避免损坏连接的设备。当并网点处电压超出表 3-1 规定的电压范围时，应在相应的时间内停止向电网线路送电。此要求适用于多相系统中的任何一相。光伏发电站的逆变器应具备过载能力，在 1.2 倍额定电流以下，分布式光伏连续可靠工作时间不应小于 1min。分布式光伏发电应在并网点内侧设置易于操作、可闭锁且具有明显断开点的并网总断路器。

表 3-1 分布式光伏的电压响应时间要求

并网点电压	响应时间要求
$U<50\%U_N$	最大分闸时间不超过 0.2s
$50\%U_N\leqslant U<85\%U_N$	最大分闸时间不超过 2.0s
$85\%U_N\leqslant U<110\%U_N$	连续运行
$110\%U_N\leqslant U<135\%U_N$	最大分闸时间不超过 2.0s
$135\%U_N\leqslant U$	最大分闸时间不超过 0.2s

注 1. U_N 为分布式电源并网点的电网额定电压。
2. 最大分闸时间是指异常状态发生到电源停止向电网送电时间。

（2）频率响应能力。分布式光伏并网时应与电网保持同步运行。当电网频率超出 49.5～50.2Hz 范围时，小型光伏发电站应在 0.2s 以内停止向电网线路送电。对于通过 380V 电压等级并网的分布式光伏，当并网点频率超过 49.5～50.2Hz 运行范围时，应在 0.2s 内停止向电网送电。通过 10(6)～35kV 电压等级并网的分布式光伏应具备一定的耐受系统频率异常的能力，应能够在表 3-2 所示电网频率偏离下运行。在指定的分闸时间内系统频率可恢复到正常的电网持续运行状态时，分布式光伏不应停止送电。

表 3-2 分布式光伏的频率响应时间要求

频率范围（Hz）	响应时间要求
低于 48	根据变流器允许运行的最低频率或电网调度机构要求而定
48～49.5	每次低于 49.5Hz 时要求至少能运行 10min
49.5～50.2	连续运行
50.2～50.5	频率高于 50.2Hz 时，分布式光伏应具备降低有功输出的能力，实际运行可由电网调度机构决定；此时不允许处于停运状态的分布式光伏接入电网
高于 50.5	立刻终止向电网线路送电，且不允许处于停运状态的分布式光伏并网

（3）过流响应能力。分布式光伏应具备一定的过电流能力，在 120% 额定电流以下，分布式光伏可靠工作时间不小于 1min；在 120%～150% 额定电流内，分布式光伏连续可靠工作时间应不小于 10s。

（4）最大允许短路电流。分布式光伏提供的短路电流不能超过一定的限定范围，考虑分布式光伏提供的短路电流后，短路电流总和不允许超过公共连接点允许的短路电流。

（5）恢复并网要求。系统发生扰动脱网后，在电网电压和频率恢复到正常运行范围之前分布式电源不允许并网。在电网电压和频率恢复正常后，通过 380V 电压等级并网的分布式光伏需要经过一定延时时间后才能重新并网，延时值应大于 20s，并网延时由电网调度机构给定；通过 10(6)～35kV 电压等级并网的分布式光伏恢复并网必须经过电网调度机构的允许。

6. 继电保护要求

（1）分布式光伏的保护符合可靠性、选择性、灵敏性和速动性的要求，其技术条件满足 GB/T 14285《继电保护和安全自动装置技术规程》和 DL/T 584《3kV～110kV 电网继电保护装置运行整定规程》的要求。

（2）分布式光伏发电设计为不可逆并网方式时，应配置逆向功率保护设备，当检测到逆流超过额定输出的 5％时，逆向功率保护应在 0.5～2s 内将光伏发电与电网断开。

（3）分布式光伏具备快速检测孤岛且立即断开与电网连接的能力，其防孤岛保护与电网侧线路保护相配合。

（4）在并网线路同时 T 接有其他用电负荷情况下，分布式光伏防孤岛效应保护动作时间小于电网侧线路保护重合闸时间。

（5）分布式光伏需具备一定的过电流能力，在 120％倍额定电流以下，分布式光伏连续可靠工作时间不小于 1min；在 120％～150％额定电流内，分布式电源连续可靠工作时间不小于 10s。接入点的分布式光伏短路电流总和不超过接入点允许的短路电流。分布式光伏系统配置具有反时限特性的保护。

（6）当检测到配电网侧发生短路时，分布式光伏系统向配电网输出的短路电流应不大于额定电流的 150％，同时分布式光伏系统与配电网断开。

（7）系统发生扰动，分布式光伏脱网后，在电网电压和频率恢复到正常范围之前，分布式光伏不允许并网。在电网电压和频率恢复正常后，对于容量小于 50kW 的分布式光伏，延时 20s 后且分布式光伏满足电压、频率、相角等并网条件时才能恢复并网，对于容量在 50kW 及以上的分布式光伏应得到当地电力部门的允许方能重新接入配电网。

（8）对于接入配电网的分布式光伏，应由当地电力部门负责其继电保护定值的计算、整定，并定期进行校验。

7. 自动化的技术要求

分布式光伏接入配电网应对分布式光伏接入点及相关设备进行监测和控制。控制对象主要包括分布式电源的功率调节控制设备、电源并网点无功补偿设备、并网断路器。分布式光伏监测的内容包括：

（1）电气模拟量：电源并网点的电压、电流、有功功率、无功功率、功率因数、频率（电网侧及电源侧）、2～25 次谐波值、电压不平衡度、直流电流分量。

（2）电能量：电源并网点的正反向电量。

（3）状态量：电源并网点的并网断路器状态、故障信息、分布式光伏远方终端状态信号和通信通道状态等信号。

（4）其他数据量：分布式光伏的总容量、投入容量等。

8. 通信与信息的技术要求

（1）通过 10(6)～35kV 电压等级并网的分布式光伏与电网调度机构之间通信方式和信息传输应符合相关标准的要求，包括遥测、遥信、遥控、遥调信号，提供信号的方式和实时性要求等。一般可采取基于 DL/T 634.5101—2002《远动设备及系统　第 5-101 部分：传输规约　基本远动任务配套标准》和 DL/T 634.5104—2009《远动设备及系统　第 5-104 部分：传输规约　采用标准传输协议的 IEC 60870-5-101 网络访问》通信协议。

（2）在正常运行情况下，分布式电源向电网调度机构提供的信息至少应当包括：

1）电源并网状态、有功和无功输出、发电量。

2）电源并网点母线电压、频率和注入电力系统的有功功率、无功功率。

3）变压器分接头挡位、断路器和隔离开关状态。

（3）分布式光伏接入系统通信接口宜采用以太网、串行口等接口。分布式光伏接入系统通信通道采用光纤专网、配电线载波、无线专网和无线公网。其中：

1）光纤专网通信方式选择以太网无源光网络、工业以太网等光纤以太网技术。

2）中压电力线载波通信方式可选择电缆屏蔽层载波等技术。

3）无线专网通信方式选择符合国际标准、多厂家支持的宽带技术。

4）无线公网通信方式选择 GPRS/CDMA/5G 通信技术，在采用此方式时应符合电力二次系统安全防护规定。

（4）分布式电源与电力系统调度部门之间通信方式和信息传输由双方协商一致后作出规定，包括互相提供的模拟和开断信号种类提供信号的方式和实时性要求等。

（5）运行信号在正常运行情况下，分布式电源向电力系统调度部门提供的信号至少应当包括分布式电源公共连接点处电压，注入电力系统的电流、有功功率、功率因数、频率和电量。

（6）分布式电源需要安装故障录波仪，且应记录故障前 10s 到故障后 60s 的情况。该记录装置应该包括必要数量的通道。

9. 电能计量的技术要求

分布式光伏并网接入电网前，应明确上网电量和用网电量计量点，计量点的设置位置与电网企业协商；每个计量点均应装设电能计量装置，其设备配置和技术要求符合 DL/T 448《电能计量装置技术管理规程》，以及相关标准、规程要求。电能表采用智能电能表，技术性能满足国家电网有限公司关于智能电能表的相关标准；通过 10(6)～35kV 电压等级并网的分布式电源的同一计量点应安装同型号、同规格、准确度相同的主电能表和副电能表各一套。主电能表和副电能表有明确标志；分布式光伏并网前，具有相应资质的单位或部门完成电能计量装置的安装、校验以及结合电能信息采集终端与主站系统进行通信、协议和系统调试，电源产权方应提供工作上的方便。电能计量装置投运前，由电网企业和电源产权归属方共同完成竣工验收。

六、建筑要求

建筑应结合建筑功能、建筑外观以及周围环境条件进行光伏组件类型、安装位置、安装方式和色泽的选择，使之成为建筑的有机组成部分。建筑设计应为光伏组件安装、使用、维护和保养等提供承载条件和空间。

在既有建筑物上增设光伏发电系统时，应根据建筑物的种类分别按照 GB 50144《工业建筑可靠性鉴定标准》和 GB 50292《民用建筑可靠性鉴定标准》的规定进行可靠性鉴定。位于抗震设防烈度为 6～9 度地区的建筑还应依据其设防烈度、抗震设防类别、后续使用年限和结构类型，按照 GB 50023《建筑抗震鉴定标准》的规定进行抗震鉴定。经抗震鉴定后需要进行抗震加固的建筑应按 JGJ 116《建筑抗震加固技术规程》的规定设计施工。

屋顶及建筑一体化的建筑要求：

（1）与光伏发电系统相结合的建筑，依据建设地点的地理和气候条件、建筑功能、周围环境等因素进行规划设计，并确定建筑布局、朝向、间距、群体组合和空间环境。规划满足光伏发电系统设计和安装的技术要求。

（2）建筑设计应为光伏发电系统的安装、使用、维护、保养等提供条件，在安装光伏组件的部位应采取安全防护措施。在人员有可能接触或接近光伏发电系统的位置，应设置防触电警示标识。

（3）光伏组件安装在建筑屋面、阳台、墙面或建筑其他部位时，不应影响该部位的建筑功能，并应与建筑协调一致，保持建筑统一、和谐的外观。

（4）合理规划光伏组件的安装位置，建筑物及建筑物周围的环境景观与绿化种植不应对投射到光伏组件上的阳光造成遮挡。

（5）光伏发电系统各组成部分在建筑中的位置应满足其所在部位的建筑防水、排水和保温隔热等要求，同时便于系统的维护、检修和更新。

（6）直接以光伏组件构成建筑围护结构时，光伏组件除应与建筑整体有机结合、与建筑周围环境相协调外，还应满足所在部位的结构安全和建筑围护功能的要求。

（7）光伏组件不应跨越建筑变形缝设置。

（8）建筑一体化光伏组件的构造及安装应采取通风、降温措施。

（9）多雪地区建筑屋面安装光伏组件时，宜设置人工融雪、清雪的安全通道。

（10）在屋面防水层上安装光伏组件时，若防水层上没有保护层，其支架基座下部应增设附加防水层。光伏组件的引线穿过屋面处应预埋防水套管，并做防水密封处理。防水套管应在屋面防水层施工前埋设完毕。

（11）光伏玻璃幕墙的结构性能应符合 JGJ 102《玻璃幕墙工程技术规范》的规定，并应满足建筑室内对视线和透光性能的要求。

【思考与练习】

1. 在分布式光伏发电系统中，光伏组件应满足哪些要求？

2. 在分布式光伏发电系统中，逆变器应满足哪些要求？

3. 光伏支架的防腐应满足哪些要求？

4. 在分布式光伏发电系统中，电缆选择与敷设应满足哪些要求？

5. 简述分布式光伏发电接入系统的一般性技术准则。

6. 分布式光伏发电在并网时电能质量应满足哪些要求？

7. 在分布式光伏发电系统中，当电网异常时，电压响应应满足哪些要求？

第四节 并 网 服 务

一、分布式光伏并网服务管理的一般要求

（1）按照"四个统一"（统一规划、统一建设、统一运维、统一服务）、"便捷高效"和"一口对外"（用电客户只到一个供电公司供电服务窗口即可办理全部的业扩报装手续）的基本原则，进一步整合服务资源，压缩管理层级，精简业务流程，开辟绿色通道，加快分布式光伏并网速度，提高并网服务水平；由各供电公司营销部门牵头负责分布式光伏并网服务相关工作，向分布式光伏项目业主提供"一口对外"优质服务。

（2）这里所指的分布式光伏是指位于用户附近，所发电能就地利用，以10kV及以下电压等级接入电网，且单个并网点总装机容量不超过6MW的发电项目。对于以10kV以上电压等级接入或以10kV电压等级接入但需升压送出的发电项目，执行国家电网有限公司常规电源相关管理规定。

（3）按照电能消纳方式，可将分布式光伏发电项目分为全部上网、全部自用、自发自用余电上网三种。接入用户内部电网的分布式光伏发电项目可自行选择电能消纳方式，用户不足电量由电网提供。

（4）各级供电公司均按国家规定的电价标准全额收购上网电量，为享受国家电价补贴的分布式光伏项目提供补贴计量和结算服务。

（5）各级供电公司在并网申请受理、接入系统方案制订、设计审查、计量装置安装、合同和协议签署、并网验收和并网调试、国家补贴计量和结算服务中，不收取任何服务费用。

二、分布式光伏并网服务的一般原则

（1）国家电网有限公司积极为分布式电源项目接入电网提供便利条件，为接入系统工程建设开辟绿色通道。接入公共电网的分布式电源项目，其接入系统工程（含通信专网）以及接入引起的公共电网改造部分由国家电网有限公司投资建设。接入用户侧的分布式电源项目，其接入系统工程由项目业主投资建设，接入引起的公共电网改造部分由国家电网有限公司投资建设（西部地区接入系统工程仍执行国家现行规定）。

（2）分布式电源项目工程设计和施工建设应符合国家相关规定，并网点的电能质量应满足国家和行业相关标准。

（3）建于用户内部场所的分布式电源项目，发电量可以全部上网、全部自用或自发自用余电上网，由用户自行选择，用户不足电量由电网提供。上、下网电量分开结算，电价执行国家相关政策。国家电网有限公司免费提供关口计量装置和发电量计量用电能表。

（4）分布式光伏发电、风电项目不收取系统备用容量费，其他分布式电源项目执行国家有关政策。

（5）国家电网有限公司为享受国家电价补助的分布式电源项目提供补助计量和结算服务，公司收到财政部门拨付补助资金后，及时支付项目业主。

三、并网服务程序

（1）国家电网有限公司地（市）或县级客户服务中心为分布式电源项目业主提供接入申请受理服务，协助项目业主填写接入申请表，接收相关支持性文件。

（2）国家电网有限公司为分布式电源项目业主提供接入系统方案制订和咨询服务。接入申请受理后 40 个工作日内（光伏发电项目 25 个工作日内），公司负责将 10kV 接入项目的接入系统方案确认单、接入电网意见函或 380V 接入项目的接入系统方案确认单告知项目业主。项目业主确认后，根据接入电网意见函开展项目核准和工程设计等工作。380V 接入项目，双方确认的接入系统方案等同于接入电网意见函。

（3）建于用户内部场所且以 10kV 接入的分布式电源，项目业主在项目核准后、在接入系统工程施工前，将接入系统工程设计相关材料提交客户服务中心，客户服务中心收到材料后出具答复意见并告知项目业主，项目业主根据答复意见开展工程建设等后续工作。

（4）分布式电源项目主体工程和接入系统工程竣工后，客户服务中心受理项目业主并网验收及并网调试申请，接收相关材料。

（5）国家电网有限公司在受理并网验收及并网调试申请后，10 个工作日内完成关口电能计量装置安装服务，并与项目业主（或电力用户）签署购售电合同和并网调度协议。合同和协议内容执行国家电力监管委员会和国家工商行政管理总局相关规定。

（6）国家电网有限公司在关口电能计量装置安装完成、合同和协议签署完毕后，10 个工作日内组织并网验收及并网调试，向项目业主提供验收意见，调试通过后直接转入并网运行。验收标准按国家有关规定执行。若验收不合格，公司向项目业主提出解决方案。

（7）国家电网有限公司在并网申请受理、接入系统方案制订、接入系统工程设计审查、计量装置安装、合同和协议签署、并网验收和并网调试、政府补助计量和结算服务中，不收取任何服务费用；由用户出资建设的分布式电源及其接入系统工程，其设计单位、施工单位及设备材料供应单位由用户自主选择。

四、分布式光伏发电项目的受理服务

申请需提交资料：

（1）经办人身份证原件及复印件和法人委托书原件（或法人代表身份证原件及复印件）。

（2）企业法人营业执照（或个人户口本）、税务登记证、组织机构代码证、土地证、房产证等项目合法性支持性文件。

（3）政府投资主管部门同意项目开展前期工作的批复（需核准项目）。

（4）如果是合同能源关系经营模式的分布式电源项目，需提供合同能源协议。

（5）项目前期工作相关资料。

（6）发用电设备明细表、发电容量及用电容量等。

五、分布式光伏发电项目的现场勘察

（1）选择全部自用或自发自用余电上网的项目，应按受电点为单位分别受理，并指导项目业主（或电力用户）按接入用户侧方式申请。选择全部电量上网的项目，应指导项目业主（或电力用户）按接入公共电网方式申请。

（2）现场勘查的主要内容包括确认分布式电源项目的建设规模（本期、终期）、开工时间、投产时间、并网点信息以及现场并网条件，对并网接入可能性和合理性进行调查，初步提出接入系统方案，包括系统一次和二次方案及设备选型、产权分界点设置、计量关口点设置、关口电能计量方案等。

六、分布式光伏发电项目的接入方案确定

1. 接入系统方案的内容

（1）接入系统方案的内容包括分布式光伏项目建设规模（本期、终期）、开工时间、投产时间、系统一次和二次方案及设备选型、产权分界点设置、计量关口点设置、关口电能计量方案等。

（2）系统一次包括并网点和并网电压等级（对于多个并网点项目，若其中有并网点为10kV，则视项目为10kV接入）、接入容量和接入方式、电气主接线图、防雷接地、无功配置、互联接口设备的选型等；系统二次包括保护、自动化配置要求以及监控、通信系统要求。

2. 接入系统一般原则

（1）分布式光伏与电力用户在同一场所，发电量"自发自用、余电上网"，接入用户侧。分布式光伏与电力用户不在同一场所情况，接入公共电网。

（2）接入公共电网的接入工程产权分界点为光伏发电项目与电网明显断开点处开关设备的电网侧。关口计量点设置在产权分界点处。关口电能计量方案按照有关规定执行。

3. 接入系统技术要求

（1）分布式光伏发电项目可以专线或T接方式接入系统。分布式光伏接入系统方案中，应明确公共连接点、并网点位置。

（2）分布式光伏的电压偏差、谐波、闪变及电压波动、三相不平衡等电能质量指标应满足GB/T 12325《电能质量 供电电压偏差》、GB/T 14549《电能质量 公用电网谐波》、GB/T 12326《电能质量 电压波动和闪变》、GB/T 15543《电能质量 三相电压不平衡》等电能质量国家标准的规定。

（3）分布式光伏发电控制元件应具备检测公共电网运行状态的能力。

（4）分布式光伏应装设满足IEC 61000-4-30《电磁兼容 第4-30部分：试验和测量技术-电能质量测量方法》等标准要求的A类电能质量监测装置，并具备测量及上传并网点开关状态、电流、电压、电能质量和上、下网电量等信息的功能。

（5）接入用户侧的分布式光伏发电项目，可采用无线公网通信方式，但应采取信息安全防护措施；送出线路的继电保护不要求双重配置，可不配置光纤纵差保护。

（6）分布式光伏发电项目应在逆变器功率输出汇集点设置易操作、可闭锁，且具有明显断开点、带接地功能的开断设备。其中：

1）专线接入 10kV 公共电网的项目，并网点（用户进线开关）具备失压跳闸及检有压合闸功能，失压跳闸定值宜整定为 $30\%U_N$、10s，检有压定值宜整定为 $85\%U_N$。并网点（用户进线开关）应安装易操作、具有明显开断点的开断设备，并具备开断故障电流的能力。

2）T 接接入 10kV 公共电网的项目，公共连接点（用户进线开关）应安装易操作、可闭锁、具有明显开断点、带接地功能、可开断故障电流，具备失压跳闸及检有压合闸功能的开断设备，失压跳闸定值宜整定为 $30\%U_N$、10s，检有压定值宜整定为 $85\%U_N$。并网点（光伏发电接入点）应安装易操作、具有明显开断点的开断设备。

3）接入用户内部电网后经专线（或 T 接）接入 10kV 公共电网的项目，并网不上网的分布式光伏用户，公共连接点（用户进线开关）处应装设防逆流保护装置。公共连接点（用户进线开关）应安装易操作、可闭锁、具有明显开断点、带接地功能、可开断故障电流，具备失压跳闸及检有压合闸功能的开断设备，失压跳闸定值宜整定为 $30\%U_N$、10s，检有压定值宜整定为 $85\%U_N$。并网点（光伏发电接入点）应安装易操作、具有明显开断点的开断设备。

4）分布式光伏接入 380V 配电网的项目，公共连接点用户进线开关应安装易操作、具有开关位置状态明显指示、带接地、可开断故障电流的开关设备，并具备失压跳闸及检有压合闸功能，失压跳闸动作定值宜整定为 $30\%U_N$、10s 动作；公共电网恢复供电后，分布式光伏需经有压检定方可合闸，检有压定值宜整定为 $85\%U_N$。并网点应装设易于操作、有明显断开指示、具备过电流保护功能、具有接地功能的开关设备。分布式光伏的电能计量装置应具备电流、电压、功率、电量等信息采集以及谐波和三相电流不平衡监测功能，并能够实现存储数据和上传。接入 380V 电网的分布式光伏，应采用三相逆变器，在同一位置三相同时接入电网。

（7）接入用户侧光伏发电项目，不要求具备低电压穿越能力。

七、分布式光伏发电项目接入方案的审核

（1）接入系统方案内容深度，按国家电网有限公司《分布式电源项目接入系统内容及技术要求》及《分布式电源接入配电网相关技术规范》执行，并在接入方案中明确客户隐蔽工程应满足的技术标准。

（2）供电公司相关部门（单位）审查接入 380(220)V 电网的分布式电源项目接入方案，并在提交接入方案后 5 个工作日内出具评审意见。

（3）网省公司相关部门（单位）审查接入 10kV 电网的分布式电源项目接入方案，并在提交接入方案后 5 个工作日内出具评审意见。负责在 2 个工作日内将接入方案确认单告知客户。

（4）客户确认 380（220）V 接入方案后，即可开展项目核准和工程建设等后续工作。

（5）客户确认 10kV 接入方案后，在 3 个工作日内出具接入电网意见函，在 2 个工作日

内向客户答复接入电网意见函。客户根据接入电网意见函开展项目核准和工程建设等后续工作。

（6）分布式光伏项目在 2 年内未予核准或项目的建设地点、建设规模、建设进度、外送条件、市场环境等发生重大变化，须对其接入系统设计进行复核，必要时重新开展项目接入系统设计和审查。

八、分布式光伏发电项目设计资料的审核

（1）客户投资建设的分布式光伏项目本体电气工程及接入工程（简称并网工程）设计，由客户委托有相应资质的设计单位，按照答复的接入方案开展。以 10kV 电压等级直接接入公共电网的分布式电源项目，设计文件应接受供电公司审查；其他分布式光伏项目，客户可委托供电公司或自行组织设计审查；设计文件自行组织设计审查的，客户应负责设计文件符合国家、行业标准，符合安全规程的要求，符合国家有关规定。

（2）接受并查验客户提交的设计资料，审查合格后方可正式受理。在受理客户申请后 5 个工作日内出具审查意见。

（3）客户自身原因需要变更设计的，应将变更后的设计文件提交供电公司，审查通过后方可实施。

（4）直接接入公共电网的分布式光伏项目，其接入工程（含通信专网）以及接入引起的公共电网改造部分由供电公司投资建设。接入用户内部电网的分布式光伏项目，其接入工程由客户投资建设，接入引起的公共电网改造部分由供电公司投资建设。

（5）供电公司投资建设的接入工程及接入引起的公共电网改造部分工程，公司为项目建设开辟绿色通道，简化程序，并保证物资供应、工程进度、工程质量，确保分布式光伏项目安全、可靠、及时接入电网。

（6）客户投资建设的接入工程，承揽接入工程的施工单位应具备政府主管部门颁发的承装（修、试）电力设施许可证、建筑业企业资质证书、安全生产许可证。设备选型应符合国家与行业安全、节能、环保要求和标准。

九、电能计量装置的安装

（1）分布式光伏发电项目的发电出口、并网点以及与公用电网的连接点均应安装具有电能信息采集功能的计量装置，以准确计量分布式光伏发电项目的发电量和电力用户的上、下网电量。与公用电网的连接点处安装的电能计量装置应能够分别计量上网电量和下网电量。

（2）自受理并网验收申请之日起，供电公司在 5 个工作日内完成电能计量装置的安装工作。

（3）对于上、下网电量，供电公司按国家规定的上网电价和销售电价分别计算购、售电费。

十、并网验收与调试

（1）供电公司负责受理项目业主（或电力客户）并网验收及调试申请，受理人员接受并查验项目业主提交的资料，审查合格后方可正式受理。正式受理申请后，协助项目业主

填写并网验收及调试申请表，接受验收及调试相关材料。

（2）关口电能计量装置安装完成、合同与协议签订完毕后，供电公司负责组织分布式光伏项目并网验收、调试工作。

（3）供电公司对并网验收合格的，出具并网验收意见；对并网验收不合格的，提出整改方案，待客户整改完毕后，再次组织验收与调试。并网调试通过后并网运行。

（4）分布式光伏并网后，供电公司应将客户并网申请、接入方案、工程设计、并网验收意见、合同等资料整理归档。

十一、咨询服务

国家电网有限公司为分布式光伏发电项目提供客户服务中心、95598 客户服务热线、网上营业厅等多种咨询渠道，向项目业主提供并网办理流程说明、相关政策规定解释、并网工作进度查询等服务，接受项目业主投诉。

【思考与练习】

1. 分布式光伏接入系统方案一般包含哪些内容？

2. 分布式光伏接入系统的一般原则是什么？

3. 分布式光伏接入时的电能质量应满足哪些要求？

4. 分布式光伏发电项目并网管理的基本原则是什么？

5. 分布式光伏发电项目的申请资料有哪些？

6. 分布式光伏发电项目现场勘察的内容主要包括哪些？

7. 分布式光伏并网服务程序包括哪些内容？

8. 分布式光伏发电项目申请需提交哪些资料？

第四章

分布式光伏发电项目验收

第一节 验收组织及流程

分布式光伏发电项目验收由政府主管部门组织安排,项目单位配合,验收专家组负责执行。

(1) 项目单位的组成应符合下列要求:

1) 对于装机容量为 50kW 及以上的非户用项目,应有项目投资方、设计方、施工方、监理方、运维方和业主单位派代表或委托人参加。

2) 对于户用项目和装机容量 50kW 以下的非用户项目,应有项目投资方、实施方和业主派代表或委托人参加。

(2) 验收专家组的组成应符合下列要求:

1) 至少包含三名成员,原则上应邀请电网公司参加。

2) 成员涵盖光伏系统、电气接入、土建安装和运维等领域,与验收项目有关联的专家(涉及设计、施工和监理等)应回避。

3) 验收组长由专家组成员共同选出,负责主持项目验收。

(3) 验收专家组听取项目单位的项目汇报,检查项目是否符合前置要求,对项目进行实地检查及资料审查,针对验收中存在的问题与项目单位逐一确认和质询后,形成书面验收意见。装机容量 50kW 以下的非户用项目参照户用项目验收。

(4) 实地检查和资料审查中,验收专家组应对所有必查项逐条进行检查,如不符合相应要求,则本次验收不合格,并提出整改意见。

1) 列出的检查项,除非特别标注,均为必查项。

2) 必查项如发现不合格,应在验收意见中明确列出,并提出整改意见。

(5) 实地检查和资料审查中,验收专家组如发现不符合相应要求的备查项,应在验收结论中明确列出,并提出整改意见。

(6) 实地检查和资料审查中,验收专家组如发现实施到位符合要求的加分项,应在验收结论中明确列出,并给出特色说明。

(7) 书面验收意见由验收专家组全体成员签字。项目验收意见模板如表 4-1 所示。

表 4-1 　　　　　　　　　　项目验收意见模板文本

20××年××月××日，(验收组织单位)在(地点)组织召开了由××单位投资建设的(项目名称和编号)的验收会，参加会议的有(××部门××单位)及有关专家。验收组听取了(项目投资方/设计方/建设方)(单位名称)所做的项目汇报，并进行了项目现场检查、相关资料审查和质询，经讨论，形成验收意见如下：

1. 提供验收的资料(基本/较/不)齐全，(不)符合验收要求。

2. 项目的安装地点和实际装机容量(需要标注容量)；0.4kV/10kV并网，自发自用/余量上网/全额上网；并网发电的时间和到验收日期的发电量(供电公司数据)。

3. 项目选用的主要设备均符合国家有关要求。

4. 项目在以下方面有特色：

(1) _____。

(2) _____。

5. 项目整改意见如下：

(1) _____。

(2) _____。

验收专家组认为，该项目(合格，同意通过验收/需要进行整改后重新组织验收)或(/不合格/须在将上述(5.×几项整改项目)进行整改后重新组织验收)。

(对项目验收存有异议的专家，写明不同意见，并签字)

【思考与练习】

1. 分布式光伏发电项目验收专家组的组成应符合哪些要求？

2. 分布式光伏发电项目单位的组成应符合哪些要求？

第二节　非户用光伏项目验收

一、前置要求

专家组若发现项目存在以下情况，则不予验收：

(1) 临时建筑。

(2) 生产的火灾危险性分类为甲类、乙类的建筑。

(3) 储存物品的火灾危险性分类为甲类、乙类的建筑。

(4) 有大量粉尘、热量、腐蚀气体、油烟等影响的建筑。

(5) 根据相关标准要求不能安装的分布式光伏发电项目的建筑。

二、土建部分

(1) 项目现场应有清晰的项目工程铭牌，应标明项目名称、投资单位、施工单位、监理单位和并网时间。项目工程铭牌模板文本如表 4-2 所示。

表 4-2 　　　　　　　　　　项目工程铭牌模板文本

项目名称：×××kW分布式光伏发电工程
投资单位：
设计单位：
施工单位：
监理单位：
并网时间：

（2）混凝土基础、屋顶混凝土结构块或承压块（异性块）及砌体应符合下列要求：

1）结构块所有外表应无严重的裂缝、蜂窝面或麻面、孔洞露筋等情况，其强度、尺寸和重量符合设计要求。

2）砌筑整齐平整，无明显歪斜。

3）与原建（构）筑物连接应牢固、可靠，连接处做好防腐和防水处理。

4）配电箱、逆变器等设备采用壁挂安装于墙体时，墙体结构荷载需满足要求。

5）如采用结构胶黏结地脚螺栓时，连接处应牢固、无松动。

6）预埋地脚螺栓和预埋件螺母、垫圈三者应匹配和配套，预埋地脚螺栓和螺母完好无损，安装平整、牢固、无松动，防腐处理规范。（该项为备查项）

7）屋面保持清洁、完整，无积水、油污、杂物，通道和楼梯处的平台应无杂物阻塞。（该项为加分项）

三、光伏组件与组件方阵

（1）现场检查应符合下列要求：

1）光伏组件标签同认证书保持一致。

2）光伏组件安装应满足设计要求：组件方阵与方阵位置、连接数量和路径符合设计要求。

3）光伏组件方阵平整、美观，平面和边缘无波浪形、锯齿形和剪刀形。

4）光伏组件不应出现长时间固定区域的阴影遮挡。

5）光伏组件夹具固定位置合理，应满足设计要求。

（2）光伏组件不应出现破碎、开裂、弯曲或外表脱附，包括上层、下层、边框和接线盒。

（3）光伏连接器（用在光伏发电系统直流侧，提供连接和分离功能的连接装置）符合下列要求：

1）外观完好。

2）接头压接牢固，不宜安装在C型钢支架内，连接器固定牢固，宜采用耐候性材料固定，不应出现自然垂地的现象。

3）不应放置于积水和污染区域，不应直接安装在因受降雨、降雪、冷凝等影响可能带来水汽的区域。

4）不应出现两种不同生产厂家的光伏连接器连接使用的情况。

四、光伏支架应符合的要求

（1）安装应符合设计要求。

（2）外观及防腐涂镀层完好，不应出现明显受损情况。

（3）支架紧固件应牢固，应有防松动措施，不应出现抱箍松动和弹垫未压平现象。

（4）支架安装整齐，不应出现明显错位、偏移和歪斜。

（5）支架与紧固件的材料的防腐处理应符合规范要求。采用热镀锌处理的镀锌层厚度须满足相关规定要求。

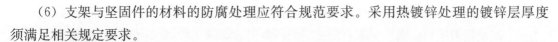

（6）支架与坚固件的材料的防腐处理应符合规范要求。采用热镀锌处理的镀锌层厚度须满足相关规定要求。

五、电缆

1. 电缆外观与标识应符合的要求

（1）外观完好，表面无破损。

（2）电缆两端应设置规格统一的标识牌，字迹清楚、不褪色。

2. 电缆敷设应符合的要求

（1）电缆应排列整齐和固定牢固，采取保护措施，不应出现自然下垂现象；电缆不应直接暴露在阳关下，应采取桥架、管线等防护措施。

（2）单芯交流电缆的敷设严格按照相关规范要求，严禁单独敷设在金属管或桥架内，以避免涡流现象的发生。

（3）双拼和多拼电缆的敷设应严格保证路径同程、电气参数一致。

（4）电缆穿越隔墙的孔洞间隙处，均应采用防火材料封堵。各类配电设备进出口应密封性良好。

（5）电缆在竖直通道敷设时，每个支架处均需固定，所用的电缆夹具必须统一，且保持美观和牢固。

3. 电缆连接应符合的要求

（1）应采用专用的电缆中间连接器，或设置专用的电缆连接盒（箱）。

（2）铝或铝合金电缆在铜铝连接时应采用铜铝过渡接头。

（3）光伏组串连接电缆应采用光伏专用电缆。

六、桥架和管线

桥架和管线应符合下列要求：

（1）布置整齐、美观，转弯半径应符合规范要求。桥架不得直接放置在屋面，以免电缆浸泡在雨水中的可能性。

（2）桥架、管线与支撑架连接牢固、无松动，支撑件排列均匀，连接牢固、可靠。

（3）屋顶上和引下桥架盖板采取加固措施。

（4）桥架与管线及连接固定位置防腐处理符合规范要求，不应出现明显锈蚀情况。

（5）屋顶管线不应采用普通 PVC 管和普通波纹管，应采取阻燃电工管。

（6）金属管线或桥架，每隔 20～30m 与接地干线可靠连接。

七、汇流箱和光伏并网逆变器

（1）标识与外观检查应符合下列要求：

1）铭牌型号与设计一致，设备编号在显要位置，需清晰标明负载的连接点和直流侧极性；有安全警示标志。

2）外观良好，无变形、破损迹象。箱门表面标志清晰，无明显划痕、掉漆等现象。

3）有独立风道的逆变器，进风口与出风口不得有物体堵塞，散热风扇工作应正常。

4）所接线缆有规格统一的标识牌，字迹清晰、不褪色。

5）汇流箱体门内侧有电气接线图，接线处有规格统一的标识牌，字迹清晰、不褪色。

6）汇流箱内接线牢固、可靠，压接导线不得出现裸露铜线，汇流箱和逆变器进、出线不应暴露在阳光下。接头端子完好、无破损，未接的端子应安装密封盖。

7）箱体及电缆孔洞密封严密，雨水不能进入箱体内；未使用的穿线孔洞应用防火泥封堵。

8）汇流箱防护等级满足环境要求，严禁室外采用室内箱体。

9）箱体有防晒措施。（该项为加分项）

（2）安装检查应符合下列要求：

1）安装在通风处，附近无发热源，且不应遮挡组件，不应安装在易积水处和易燃易爆环境中。

2）箱体安装牢固、可靠，安装固定处无裂痕，安装高度和间距合理，满足产品安装手册要求。

3）壁挂式逆变器与安装支架的连接牢固、可靠，不得出现明显歪斜，不得影响墙体自身结构和功能。

（3）鼓励采用性能稳定的微型逆变器或者组件优化器、快速关闭装置。（该项为加分项）

八、防雷与接地

防雷与接地应符合下列要求：

（1）接地干线（网）在不同的两点及以上与接地网连接或与原有建筑屋顶接地网连接，连接应牢固、可靠。

（2）接地网的外缘应闭合，外缘各角应做到圆弧形，圆弧形的半径不宜小于临近均压带间距的1/2，接地网内应敷设水平均压带，可按等间距或不等间距布置。

（3）对于混凝土平屋面出现屋顶光伏发电组件高于原建筑避雷针情况，金属边框的光伏组件不宜作为原建筑（包括光伏发电项目在内）的接闪器。若要成为原建筑的接闪器，设计必须明确相应的安装处理方法。

（4）金属边框的光伏组件应将金属边框可靠接地，金属边框的专用接地孔与接地线缆可靠连接，不得采用金属边框直接钻孔做接地孔的方式。

（5）所有支架、电缆的金属外皮、金属保护管线、桥架、电气设备外壳、基础槽钢和需接地的装置，都应与接地干线（网）牢固连接，并对连接处做好防腐处理措施。

（6）接地干线（网）接线、接地干线（网）与屋顶建筑防雷接地网连接应采用焊接，焊接质量应符合要求，不应出现错位、平行和扭曲等现象，焊接点应做好防腐处理，在直线段上，不应有高低起伏及弯曲等现象。

（7）在接地线跨接建（构）筑物伸缩缝、沉降缝处时，应设置补偿装置，补偿器可用接地线本身弯成弧状代替。

（8）接地线连接可靠，不应出现因加工造成接地线截面减小、强度减弱或锈蚀等问题。接地跨接线不得采用裸露的编织铜线。

（9）电气装置的接地必须单独与接地母线或接地网相连接，严禁在一条接地线中串联两个及以上需要接地的电气装置。

（10）严禁利用金属软管、管道保温层的金属外皮或金属网、低压照明网络的导线铅皮以及电缆金属保护层作为外接地线。

（11）光伏阵列利用其金属支架或建（构）筑物金属部件作接地线时，其材料规格应能承受泄放预期雷电流时所产生的机械效应和热效应。此外，不应采用铝导体作为接地极或接地线。

（12）接地线不应做其他用途。

九、巡检通道

巡检通道设置应符合下列要求：

（1）屋顶光伏项目应设置安全便利的上下屋面检修通道，彩钢瓦屋顶外墙爬梯应设置安全护栏，与屋顶连接处应有安全防护措施。

（2）光伏阵列区应设置日常巡检通道，便于组件更换和冲洗。

（3）巡检通道宜设置保护措施，以防止巡检人员由于频繁踩踏而破坏屋面。（该项为加分项）

（4）巡检通道的防腐处理应符合规范要求，不得出现明显锈蚀情况。

十、监控装置

监控装置设置应符合下列要求：

（1）敷设线缆整齐、美观，外皮无破损，线扣间距均匀。

（2）终端数据与逆变器、汇流箱数据一致，参数显示清晰，数据不得出现明显异常。

（3）数据采集装置和电参数监测设备宜有防护装置。（该项为加分项）

（4）鼓励项目现场安装环境监控仪。（该项为加分项）

（5）环境监控仪应安装在无遮拦区域，并可靠接地，牢固、无松动。

十一、水清洗系统　（该条为加分项）

水清洗系统应符合下列要求：

（1）清洁用水接自市政自来水管网，采取防倒流、防冰冻和污染隔断等措施。

（2）管道安装牢固，标识明显，无漏水、渗水等现象发生；水压符合要求。

（3）保温层安装正确，外层清洁、整齐，无破损。

（4）出水阀门安装牢固，启闭灵活，无漏水、渗水现象发生。

十二、电气设备房及地面部分

（一）电气设备房

（1）应有清晰的光伏项目电站标识，并标注装机容量。

（2）室内布置符合下列要求：

1）室内整洁、干净，并有通风或空调设施，室内环境满足设备正常运行和运检要求。

2）室内有运维制度和运维人员联系方式、光伏系统一次模拟图和光伏并网柜的标识。

3）室内在明显位置设置灭火器等消防用具和安全工器具且标识正确、清晰。

4）柜、台、箱、盘布置合理，设有安全间距。

5）室内安装的逆变器保持干燥，通风散热良好，采取有效的防小动物措施。

6）有独立风道的逆变器，风道具有防雨和防虫措施，风道不得有物体遮挡、封堵。

（3）安装与接线应符合下列要求：

1）柜、台、箱、盘的电缆进、出口采用防火泥封堵。

2）设置接地干线，电气设备外壳、基础槽钢和需接地的装置与接地干线可靠连接。

3）装有电器的可开启门和金属框架的接地端子间，选用截面积不小于 $4mm^2$ 的黄绿色绝缘铜芯软导线连接，导线应有标识。

4）电缆沟盖板安装平整，并网开关柜设双电源标识。

（4）预装式设备房符合下列要求：

1）预装式设备房原则上安装在地面室外。

2）预装式设备房防护等级满足室外运行要求，并满足当地环境要求。

3）预装式设备房基础高于室外地坪，周围排水通畅。

4）预装式设备房表面设置统一的标识牌，字迹清楚、不褪色，外观完好，无变形、破损。

5）预装式设备房内部带有高压的设施和设备，均有高压警告标识。

6）预装式设备房或箱体的井门盖、窗和通风口需有晚上防尘、防虫、通风设施，以及防小动物进入和防渗漏雨水设施。

7）预装式设备房和门可完全打开，灭火器放置在门附近，并方便拿取。

8）设备房室内设备安装完好，监测报警系统完善，内门上附电气接线图和出厂试验报告。

9）设备房外壳及内部的设施和电气设备中的屏蔽线可靠接地。

（二）集中监控室部分

1. 数据终端应符合的要求

（1）电站运行状态及发电数据远程可视，可通过网页或手机远程查看电站运行状态、报警信息及发电量等数据。

（2）应显示电站当日发电量、累计发电量和发电功率，并支持设备性能分析和电站性能分析。

（3）显示信息包括汇流箱直流电流、直流电压，逆变器直流侧、交流侧电压电流，配电柜交流电流、交流电压和电气一次图。（该项为加分项）

（4）显示信息包含太阳辐射、环境温度、组件温度、风速、风向等，并支持历史数据查询和报表功能。（该项为加分项）

2. 运行和维护应符合的要求

（1）室内设备通风良好，并挂设运维制度和运维人员联系方式、光伏系统一次模拟图。

（2）室内设备运行正常，并有日常巡检记录。

（3）设有专职运维作业人员，熟悉项目每日发电情况，并佩戴上岗证。

十三、资料审查

非户用分布式光伏发电项目资料审查表见表4-3。

表 4-3　　　　　　　　　　　　非户用分布式光伏发电项目资料审查表

类型	序号	验收资料	380V及以下并网	10kV及以上并网	资料要求
必查项	1	项目验收申请及项目信息一览表	√	√	信息清晰、完整
	2	项目备案文件	√	√	真实、完整，与项目实际匹配一致
	3	电力并网验收意见单	√	√	通过电网验收
	4	并网前单位工程调试报告（记录）	√	√	由建设单位提供，其中光伏并网系统调试试验检查表中的各个检查项目都符合要求
	5	并网前单位工程验收报告（记录）	√	√	由建设单位提供，包括内部验收专家组出具的"单位工程验收意见书"
	6	房屋（构筑物）安装光伏后的荷载安全计算书/荷载安全说明资料	√	√	安全计算书计算完整，安全说明资料逻辑清晰，最后结论：荷载安全，可安装
	7	各专业竣工图纸	√	√	包含以下专业：土建工程、安装工程（电气一次、二次图纸，防雷与接地图纸，光伏布置图纸，给水排水图纸）、安全防范工程、消防工程等
	8	设计单位营业执照及资质证书	√	√	具备住建部门颁发的"电力行业（新能源发电）设计资质证书"或"工程设计综合甲级资质证书"
	9	设计单位营业执照、资质证书及竣工报告	√	√	具备住建部颁发的"电力工程施工总承包资质证书"或"机电安装工程施工总承包资质证书"以及电监会/能源局颁发的"承装（修、试）电力设施许可证"
	10	监理单位营业执照、资质证书及项目总结报告和质量评估报告		√	具备住建部门颁发的"电力工程监理资质证书""机电安装工程监理资质证书""房屋建筑工程监理资质证书"或"工程监理综合资质证书"
	11	如采用结构胶黏结地脚螺栓，需提供拉拔试验的正式试验报告	√	√	测试数据符合设计要求
	12	运行维护及其安全管理制度	√	√	清晰、完整
	13	运维人员接受培训记录	√	√	需组织过专业人员培训
	14	接地电阻检测报告	√	√	建设单位提供，符合设计要求
	15	主要设备材料认证证书或质检报告	√	√	由建设单位提供，必须出具以下产品的证书或者报告，并要求产品与现场使用情况必须一致：(1)组件、逆变器、光伏连接器：需出具由国家认证认可监督管理委员会认可的认证机构提供的产品认证报告。(2)断路器和电缆：CCC认证。(3)光伏专用直流电缆：CQC、TUV或UL认证报告。(4)现场如有汇流箱、变压器、箱式变压器，也应提供有资质的第三方检测机构出具的认证证书或质检报告

续表

类型	序号	验收资料	380V及以下并网	10kV及以上并网	资料要求
备查项	1	设计交底及变更记录	√	√	建设单位提供
	2	接入系统方案确认单	√		电网确认受理项目接入系统申请并制定初步接入方案
	3	接入电网意见函		√	电网同意项目接入电网，双方确认接入方案
	4	购售电合同	√	√	严格执行审查会签制度，合规合法
	5	并网调度协议		√	项目公司与电网共同签订
	6	分项工程质量验收记录及评定资料（含土建及电气）	√	√	完整、齐备，施工单位自行检查评定合格，监理验收合格
	7	分部（子分部）工程质量验收记录及评定资料（含土建及电气）	√	√	完整、齐备，监理验收合格
	8	隐蔽工程验收记录（含土建、安装）	√	√	完整、齐备，施工单位自行检查，监理单位验收合格
	9	监理质量、安全通知单、周会议纪要		√	完整、齐备，监理单位提供
	10	项目运行人员专业资质证书		√	（1）由安监局颁发的特种作业操作证书"高压电工证书"及"低压电工证书"。（2）由能源局颁发的"电工进网作业许可证"。（3）由劳动局颁发的"电工职业资格证书"（单独持此证不能从事电工工作）
	11	若委托第三方管理，提供项目管理方资料（营业执照、税务登记证、委托代管协议）	√	√	合法注册
	12	组件厂家10年功率和25年功率衰减质保书	√	√	承诺多晶硅电池组件和单晶硅电池组件的光电转换效率分别不低于15.5%和16%；硅基、碲化镉（CdTe）及其他薄膜电池组件的光电转换效率不低于8%、11%和10%；多晶硅、单晶硅和薄膜电池组件自项目投产运行之日起，一年内衰减率分别不低于2.5%、3%和5%，之后每年衰减率不高于0.7%，项目全生命周期内衰减率不高于20%
加分项	1	支架拉拔力测试报告	√	√	第三方检测机构提供
	2	电能质量监测记录或监测报告	√	√	第三方检测机构提供
	3	逆变器或汇流箱拉弧检测报告	√	√	厂家提供
	4	电站综合发电效率（PR）测试报告	√	√	第三方检测机构提供
	5	组件抗PID性能检测报告	√	√	第三方检测机构提供

续表

类型	序号	验收资料	380V及以下并网	10kV及以上并网	资料要求
加分项	6	抽样组件第三方测试报告	√	√	第三方检测机构提供
	7	抽样组件耐老化检测报告	√	√	第三方检测机构提供
	8	组件回收协议	√	√	组件厂家提供
	9	关键结构件的第三方检测报告	√	√	第三方检测机构提供
	10	直流光伏连接器耐盐雾及耐氨第三方测试报告	√	√	第三方检测机构提供

【思考与练习】

1. 对于非户用光伏项目，光伏组件与光伏阵列现场检查时符合哪些要求？
2. 对于非户用光伏项目，现场检查时电缆敷设及电缆连接符合哪些要求？
3. 对于非户用光伏项目，防雷与接地符合哪些要求？
4. 对于非户用光伏项目，电气设备房的安装与接线符合哪些要求？
5. 对于非户用光伏项目，集中监控室的数据终端符合哪些要求？

第三节　户用光伏项目验收

一、前置要求

专家组若发现项目存在以下情况，则项目不予验收：

（1）混凝土平屋顶应用项目破坏原有防水层且未进行防水恢复处理。
（2）光伏系统超过建筑最高点，安装方式严重影响美观。
（3）屋面整体朝阴或屋面大部分受到遮挡影响的住宅建筑。
（4）屋面瓦片已经年久失修或结构安全存在风险的住宅建筑。
（5）内有生产活动，且生产的火灾危险性分类为甲类、乙类的住宅建筑。
（6）储存物品的火灾危险性分类为甲类、乙类的建筑。

二、资料审查

户用分布式光伏发电项目资料审查表如表4-4所示。

表4-4　　　　　　　　　户用分布式光伏发电项目资料审查表

类型	序号	验收要求	资料要求
必查项	1	项目验收申请及项目信息一览表	信息清晰、完整
	2	设计图纸（原理图、平面图）	由建设单位提供，并与项目实际一致

81

续表

类型	序号	验收要求	资料要求
必查项	3	主要设备信息表	由建设单位提供，列明所使用的组件、逆变器、支架、电缆、电表箱、配电箱的厂家、型号和主要参数
	4	主要设备材料认证书或质检报告	由建设单位提供，必须出具以下产品的证书或者报告，并要求产品与现场使用一致： （1）组件、逆变器、光伏连接器：需出具国家认监委认可的认证机构提供的产品认证报告。 （2）电缆、电气开关、成套配电箱：CCC认证。 （3）光伏专用直流电缆：CQC、TUV或UL认证报告
	5	电网验收意见	通过电网验收
	6	光伏电站接地电阻测试记录表	由建设单位提供，符合设计要求
	7	建筑工程竣工表和验收报告	由EPC单位或施工单位提供
备查项		接入系统方案确认单（含备案资料）	由国家电网有限公司提供
加分项	1	拉弧检测记录单	由逆变器厂家提供
	2	组件检测报告（抽检）	由建设单位提供
	3	施工单位资质	由建设单位提供

三、光伏组件与光伏方阵

光伏组件与方阵符合下列要求：

（1）安装方式与竣工图纸一致。坡屋顶应用项目，原则上选用光照条件良好的屋面，并采用坡面安装。如采用其他安装形式，应提供设计说明及安全性计算书。

（2）现场查验组件标签，同认证书保持一致。

（3）组件表面不得出现严重色差，不得出现黄变。

（4）光伏连接器接头压接牢固，固定牢固。采用耐候扎带绑扎在金属轨道上，不得出现自然垂地或者直接放在屋面上的情况。

（5）不得出现两种不同厂家的光伏连接器连接使用的情况。

（6）接线盒粘胶牢固。（该项为备查项）

（7）抽查开路电压和电路电流，判断其功率和一致性，如提供的第三方组件测试是在普通户外测试，允许小范围的偏差。（该项为备查项）

四、光伏支架

光伏支架应符合下列要求：

（1）支架与建筑主体结构规定牢固。

（2）采用紧固件的支架，紧固点应牢固，不应有抱箍松动和弹垫未压平等现象。

（3）支架安装不得出现明显错位、偏移和歪斜。

（4）支架及紧固件材料经防腐处理，外观及防腐镀层完好，不得出现明显受损情况。

五、电缆

电缆应符合下列要求：

（1）采用防火阻燃电缆。

（2）排列整齐，接线牢固且极性正确。

（3）不得出现雨水进入室内或电表箱内的情况。

（4）电缆穿越隔墙的孔洞间隙处，均采用防火材料封堵。

（5）光伏组串的引出电缆等宜有套管保护，管卡宜采用耐候性材料。（该项为加分项）

六、光伏并网逆变器

光伏并网逆变器应符合下列要求：

（1）与建筑主体结构固定牢固，安装固定处无裂痕。

（2）安装在通风处，附近无发热源或易燃易爆物品。

（3）在明显位置设置铭牌，型号与设计清单一致，清晰标明负载的连接点和直流侧极性；有安全警示标志。

（4）外观完好，不得出现损坏和变形。

（5）有采集功能和数据远程监控功能，监控模块安装牢固，外观无破损，信号正常。

（6）直流线缆采用光伏专用线缆。

（7）交直流连接头连接牢固，避免松动，交直流进、出线套软管。

（8）如有超过一个逆变器，确保逆变器之间应有30cm以上距离。

（9）鼓励采用性能稳定的微型逆变器或组件优化器、快速关闭装置。（该项为加分项）

七、电能计量设备

电能计量设备应符合下列要求：

（1）由国家电网有限公司安装，不得出现私接情况。

（2）外观不应出现明显损坏和变形。

（3）安装在通风处，附近无发热源或易燃易爆物品。

（4）箱内标明光伏侧进线和并网侧出线。

（5）安装高度大于1.2m，便于查看。

（6）箱内须配备符合安全需求的闸刀、断路器、浪涌保护器、过欠压保护器、漏电保护器五大件。

八、防雷与接地

带边框组件、支架、逆变器外壳、电表箱外壳、电缆外皮、金属电缆保护管或线槽均可靠接地。

九、运行和维护

运行和维护符合下列要求：

（1）业主可以通过手机客户端查询到项目日发电量。

（2）业主具备项目基本运行维护知识。（该项为加分项）

（3）由专业运行维护服务机构提供运行维护，并有日常巡检记录。（该项为加分项）

【思考与练习】

1. 在户用分布式光伏发电项目验收中,电缆符合哪些要求?

2. 在户用分布式光伏发电项目验收中,光伏并网逆变器符合哪些要求?

3. 在户用分布式光伏发电项目验收中,电能计量装置符合哪些要求?

4. 在户用分布式光伏发电项目验收中,防雷和接地符合哪些要求?

第五章

分布式光伏发电系统运行管理

第一节 基 本 规 定

分布式光伏发电系统运行管理单位应建立、健全档案管理制度并编制运行管理维护技术手册和现场运行规程，及时修订、复查现场运行规程，确保规程的适宜性和指导性，对运行、检修、检测记录、试验报告等技术资料应及时整理、分析并及时归档。

分布式光伏发电系统运行应安排能满足电站安全可靠运行的运行、维护和管理人员；进行公司、部门、项目三级上岗培训，持证上岗；了解系统运行的生产过程，掌握本岗位运行、维护的技术要求，遵守安全操作规程；每年至少开展一次对运行维护人员的运行安全规程理论培训。

分布式光伏发电系统的主要部件在运行时，应始终符合国家现行有关产品标准的规定，温度、声音、气味等不应出现异常情况，标识、标牌应牢固，指示灯应正常工作并保持清洁，并应保持正常的发电能力；运行维护人员严格执行设备缺陷管理制度，发现设施、设备运行不正常时，应及时采取措施，并向调度中心报告，运行管理人员及时分析、报告，组织相关人员进一步处理，达不到要求的部件及时维修或更换，年度设备缺陷消除率（分布式光伏发电系统运行过程中，已消除缺陷数与按制度要求应消除的缺陷数的百分比值）达到98%。

分布式光伏发电系统不应对人员、场地或建筑物造成危害，其运行与维护应保证系统本身安全；周围不得堆积易燃易爆物品，设备本身及周围环境应散热良好，设备上的灰尘及污物应及时清理。

并网运行的电站应遵守所在电网的电网调度运行规程和有关规定，保证电站和电网的安全稳定运行。

【思考与练习】

1. 维护分布式光伏发电系统运行的人员应满足什么要求？

2. 什么是缺陷消缺率？

第二节 主 要 设 备 运 行 维 护

在分布式光伏发电系统运行管理维护中，应达到以下对光伏组件及方阵、光伏方阵支架、汇流箱、配电柜、逆变器、接地与防雷系统、电缆、变压器、静止无功发生器、储能装置、蓄电池电能质量补偿装置、监控及数据通信系统、数据采集及应用的要求。

一、光伏组件及方阵

（1）组件边框不应有变形，玻璃不应有破损。

（2）电池片不应有破损、裂片、遮蔽物等。

（3）光伏组件不应有气泡、材料脱层、水汽、明显色变。

（4）背板不应有划伤、开胶、鼓包、气泡等。

（5）接线盒塑料不应出现变形、扭曲、开裂、老化及烧毁等。

（6）导线连接应牢靠，导线不应出现破损，导线管不应有破损。

（7）铭牌平整，字体清晰、可见；光伏组件上的带电警告标识不缺失。

（8）对于金属边框接地的光伏组件、边框和支撑结构连接良好。

（9）应在太阳辐射强度基本一致的条件下测量接入同一个直流汇流箱的各光伏组件串的输入电流，并计算其平均值，原则上各组件串与平均值的偏差不超过5％。

（10）光伏方阵输出低于初始状态（上一次清洗结束时）相同条件输出的85％时，应对光伏组件进行清洁，清洗时符合下列规定：

1）可使用柔软洁净的布料擦拭光伏组件，不应使用腐蚀性溶剂或硬物擦拭光伏组件。

2）不宜使用与光伏组件温差较大的液体清洗组件。

3）不宜在有碍运行维护人员人身安全的情况下清洗组件。

4）不宜在组件温度过高或辐照度过强的条件下进行清洗。

5）在清洗过程中不得产生振动，以免组件发生隐裂，产生热斑等缺陷。

6）清洗后组件表面不存在直径大于1mm的完全遮盖组件电池片的积灰、鸟粪、水印、污渍。

7）清洗过程中，禁止运营维护人员踩踏组件。

8）禁止将水直接喷到组件背板接线盒、逆变器、开关箱、电缆槽盒等电气设备上，同时严禁清洗人员在清洗时用手触摸组件和逆变器外壳，防止触电。

9）特殊地域环境需做针对性的运行维护方案。

二、光伏方阵支架

（1）光伏方阵整体不应有变形、错位、松动。

（2）受力构件、连接构件和连接螺栓不应损坏、松动，焊缝不应开焊。

（3）金属材料的防腐层应完整，不应有剥落、锈蚀现象。

（4）采取预制基座安装的光伏方阵，预制基座应保持平稳、整齐，不得移动，在台风、暴雨等恶劣天气过后，应普查光伏方阵的方位角及倾角，使其符合设计要求。

（5）阵列支架等电位连接线应连接良好，不应有松动、锈蚀现象。

（6）光伏阵列应可靠接地，其各点接地电阻符合GB 50797《光伏发电站设计规范》的规定。

（7）光伏方阵支撑结构上或光伏方阵区域内不应附加其他设施；光伏系统区域内不应

增设对光伏系统运行及安全可能产生影响的设施。

三、汇流箱

（1）机架组装有关零部件均符合各自的技术要求，箱体牢固，表面光滑、平整，无剥落、锈蚀及裂痕等现象。

（2）箱体安装牢固、平稳，连接构件和连接螺栓不应损坏、松动，焊缝不应开焊，箱体密封良好，防护等级符合设计要求。

（3）箱体内部不应出现锈蚀、积灰等现象，面板平整，文字和符号完整、清晰，铭牌、警告标识、标记完整清晰，箱体上的防水锁启闭灵活。

（4）熔断器、防雷器、断路器等各元器件处于正常状态，没有损坏痕迹，开关操作灵活、可靠。

（5）各种连接端子连接牢靠，没有烧黑、烧熔等损坏痕迹，各母线及接地线完好。

（6）汇流箱内熔丝规格符合设计要求，并处于有效状态，浪涌保护器符合设计要求、并处于有效状态。

（7）非绝缘材料外壳的汇流箱箱体连接保护地，其接地电阻符合 GB/T 34936《光伏发电站汇流箱技术要求》的有关规定。

（8）汇流箱内一次线路对地及一次线路对通信接口绝缘电阻符合 GB/T 34936《光伏发电站汇流箱技术要求》的有关规定。

（9）汇流箱各部件的极限温升符合 GB/T 34936《光伏发电站汇流箱技术要求》的有关规定。

（10）若是带有通信功能的智能汇流箱，应能正常测量有关太阳电池组串的电参数数据且正常接收和发送数据。

四、配电柜

（1）机架组装有关零部件均符合各自的技术要求，箱体牢固，表面光滑、平整，无剥落、锈蚀及裂痕等现象。

（2）箱体安装牢固、平稳，连接构件和连接螺栓不应损坏、松动，焊缝不应开焊、虚焊，箱体密封良好，防护等级符合设计要求。

（3）箱体内部不应出现锈蚀、积灰等现象，面板平整，箱体内部张贴配电系统图，文字和符号完整、清晰，铭牌、警告标识、标记完整清晰，箱体上的防水锁启闭灵活。

（4）熔断器、防雷器、断路器等各元器件处于正常状态，没有损坏痕迹，开关操作灵活、可靠。

（5）各种连接端子连接牢靠，没有烧黑、烧熔等损坏痕迹，各母线及接地线完好。

（6）配电柜内熔丝规格符合设计要求，并处于有效状态，浪涌保护器符合设计要求，并处于有效状态。

（7）配电柜可靠连接保护地，其接地电阻符合 GB 50797《光伏发电站设计规范》的规定。

（8）配电柜能正常显示电流、电压、功率等数据，数据精度不低于 0.5 级。若是带有通信功能的智能配电柜,能正常接收和发送数据。

(9)直流配电柜的直流输入接口与直流汇流箱的连接稳定、可靠。

(10)直流配电柜的直流输出与并网主机直流输入处的连接稳定、可靠。

五、逆变器

(1)逆变器不存在锈蚀、积灰等现象,散热环境良好,逆变器运行时不应有较大振动和异常噪声。

(2)逆变器上的警示标识完整、无破损。

(3)逆变器中模块、电抗器、变压器的散热风扇能根据温度变化自动启动和停止;散热风扇运行时不应有较大振动及异常噪声,当出现异常情况时应断电检查。

(4)定期通过断开交流输出侧断路器,检查逆变器的工作情况,当出现异常情况时断电检查。

(5)逆变器有高温报警时,及时排查。

(6)逆变器的输出电能质量符合电网并网或系统设计的要求,并定期对转换效率、并网电流谐波、功率因数、直流分量、电压不平衡度进行测试。

(7)非隔离逆变器直接采用漏电流检测器保护或漏电流监控保护中的一种方式来进行防护。

六、接地与防雷系统

(1)光伏组件、支撑结构、电缆金属铠装与屋面金属接地网格的连接可靠。

(2)各种避雷器、引下线等安装牢靠、完好,无断裂、锈蚀、烧损痕迹等情况发生。

(3)避雷器、引下线各部分连接良好。

(4)安装在光伏方阵的监视系统、控制系统、功率调节设备接地线与防雷系统之间的过电压保护装置功能应有效,其接地电阻在设计规定的范围内。

(5)光伏方阵与防雷系统共用接地装置的接地电阻值在设计规定的范围内。

(6)光伏发电系统各关键设备的防雷装置在雷雨季节到来之前,根据要求进行检查并对接地电阻进行测试。不符合要求时及时处理。雷雨季节后应再次进行检查。

(7)地下防雷装置根据土壤腐蚀情况,定期开挖检查其腐蚀程度,出现严重腐蚀情况的及时修复、更换。

七、电缆

(1)光伏系统的电缆选型及敷设符合设计要求。

(2)电缆不应在过负荷的状态下运行,电缆的接插头、绝缘和护套材料不应出现膨胀、龟裂、破损现象。

(3)电缆在进、出设备处的部位密封封堵完好。

(4)检查电缆对设备外壳造成过大压力、拉力的部位,电缆的支撑点完好。

(5)电缆保护钢管口不应有穿孔、裂缝和显著的凹凸不平;金属电缆管不应有严重锈蚀。

(6)室外电缆沟、井内的堆积物、垃圾及时清理。

（7）电缆沟或电缆井的盖板完好、无缺；电缆沟内不应有积水或杂物；电缆沟内支架牢固，无锈蚀、松动现象；铠装电缆外皮及铠装不应有影响性能的锈蚀。

（8）当光伏系统中使用双拼或多拼电缆时，检查电流分配和电缆外皮的温度。

（9）电缆终端头接地良好，绝缘套管完好、清洁、无闪络放电痕迹；电缆相色明显、准确。

（10）金属电缆桥架及其支架和引入或引出的金属电缆导管可靠接地；金属电缆桥架间可靠连接。

（11）桥架穿墙处防火封堵严密、无脱落。

（12）电缆运行时无过热、无异味。

八、变压器

（1）变压器正常运行时声音、温度计指示、远方测控装置指示正常。

（2）变压器两侧进、出线无悬挂物，金具连接紧固，引线不应过松或过紧，接头接触良好。

（3）瓷瓶、套管清洁，无破损裂纹、放电痕迹及其他异常现象。

（4）变压器外壳接地点接触良好，冷却系统运行正常。

（5）各控制箱及二次端子箱应关严，电缆穿孔封堵严密、无受潮；警告牌悬挂正确，各种标志齐全、明显。

九、静止无功发生器

（1）若电站静止无功发生器属调度调管设备，任何停送电操作和设备检修均须取得调度值班人员的许可。

（2）静止无功发生器各支路线路保护要按规定投入，在运行中严禁分断静止无功发生器控制柜电源。

（3）静止无功发生器运行中监视控制器的工作状态，出现异常情况及时记录和处理。出现静止无功发生器控制器保护动作后，先记录监控软件上的内容再记录控制插卡箱和击穿插卡箱上故障指示灯状态，后清除故障。

（4）设备室温度宜控制在 5～40℃之间，通风状况良好，温度过高及时启动风机和空调。

（5）静止无功发生器设备检修时必须做好停电措施，设备在停电至少 15min 后方可装设接地线，任何人不得在未经放电的电容器组上进行任何工作。电容器的两个电极用放电杆（专用）放电。

（6）设备正常运行过程中无异响、振动、异味、发热、变色、污垢、裂纹及放电现象。电容器无漏液、外壳无明显膨胀变形、外壳温度无异常升高及运行时无局部放电声。

（7）设备正常运行过程中散热风机运转正常，柜体滤尘网保持通畅。

十、储能装置

（1）适用于现场已配置储能装置的分布式光伏发电系统。

（2）特指应用在分布式光伏发电系统中，以电化学形式存储电能、接入 10kV 及以下电压等级配电网的储能装置。

（3）接入配电网的电化学储能装置，其运营管理方应对设备的运行维护提供有效的技术保障，当发生故障或异常时，应做好信息的收集和报送工作。

（4）在正常运行情况下，接入配电网的电化学储能装置，依据电网调度机构给定或认可的控制曲线进行充放电功率控制，实际出力曲线与调度指令曲线偏差符合 NB/T 33014《电化学储能系统接入配电网运行控制规范》的规定；在电网调度机构没有指定功率曲线的情况下，电化学储能系统宜根据负荷状况进行充放电功率控制。

（5）电能计量装置应对双向有功功率和四象限无功功率进行计量，对事件进行记录，且定期向当地电网运营管理部门上传电能量信息和时间信息。

十一、蓄电池

（1）蓄电池室温度控制在 5～25℃之间，通风状况良好；钠硫电池在绝热容器内部的运行温度、升降温速率符合要求，低于运行温度时不得放电；锂离子电池、液流电池的使用温度通常设定在 0～40℃范围内。

（2）在维护或更换蓄电池时，所用工具应带绝缘套，蓄电池单体间连接螺栓保持紧固；更换电池时，采用同品牌、同型号的电池。

（3）蓄电池在使用过程中避免过充电和过放电；当遇连续多日阴雨天，造成蓄电池充电不足时，应停止或缩短对负载的供电时间。

（4）蓄电池叠层堆放时放置在分层的搁架上，并采取防止跌落、翻到或破损的措施，上方和周围不得堆放杂物。

（5）蓄电池表面保持清洁，当出现腐蚀漏液、凹瘪或鼓胀现象时，及时处理，并查找原因。

（6）每季度对蓄电池进行 2～3 次均衡充电，当蓄电池组中单体电池的电压异常时，及时处理；对停用时间超过 3 个月以上的蓄电池，补充充电后再投入运行。

（7）蓄电池设备的安全评价周期不超过两年。

（8）按国家有关环保及危险品管理的要求，对废旧蓄电池进行再生、再利用或废弃处理，废弃蓄电池由供应商或专业机构按照国家环保法规的要求回收处理。

十二、电能质量补偿装置

（1）适用于现场已配置电能质量补偿装置的分布式光伏发电系统。

（2）特指以分布式光伏发电为电源搭建微电网需配备的电能质量补偿装置。

（3）微电网并网点电能质量不满足要求时，其运营管理方应采取措施改善电能质量，在采取措施后仍无法满足要求时，转为离网运行或停运；离网运行时，微电网电能质量不能满足自身运行要求，停止运行。

（4）微电网电能质量超标后，合理配置一定容量的电能质量补偿装置；微电网电能质量超标整改后，经有资质的第三方检测机构检测合格后方能再次投入运行。

（5）微电网运行时，以能量管理系统为工具，在供求预测和调节能力评估基础上，通过各电源间的能量互济来实现优化调度和能量管理的目标，确保供电可靠性与经济性。

十三、监控及数据通信系统

（1）监控及数据通信系统具备良好的扩展性，以应对分布式光伏发电项目分批实施、数量较多、位置分散的特点。

（2）在使用过程中，当电站数量、分布地域、系统数据等条件出现较大变化时及时对设备硬件软件进行升级、扩容，以满足大数据量的运算处理需要。

（3）监控及数据通信系统的设备保持外观完好，螺栓和密封件齐全，操作键接触良好，显示数字清晰。

（4）对于无人值守的数据通信系统，系统的终端显示器，每天至少检查1次有无故障报警。当有故障报警时，及时维修。

（5）每年至少对数据通信系统中输入数据的传感器灵敏度进行一次校验，同时应对系统的模拟/数字变换器的精度进行检验。

（6）超过使用年限的数据通信系统中的主要部件，应及时更换。

十四、 数据采集及应用

（1）系统采集的数据包括但不限于以下内容：

1）汇流箱数据：运行状态，各组串的工作状态、汇流箱电流。

2）逆变器运行数据：各台逆变器的实时运行状态、交/直流的电流和电压、有功功率、无功功率、功率因数、频率、逆变器效率。

3）电能量数据：运行状态，当日、当月、累积发电量。

4）环境监测仪器数据：辐照度、环境温度、风速、风向。

（2）系统获取到本地光伏系统的数据后，需要对各种来源的数据描述进行一致的定义和规范化，并对采集到的各种数据进行统一存储管理。

（3）从光伏电站本地系统中直接采集的数据中可能存在可疑或错误的数据，采集过程中需要对这类数据进行过滤，可由系统根据光伏电站运行数据的一般规则对数据采集策略进行配置，或由光伏电站运行管理人员手动配置采集策略，过滤明显错误的数据值；直接采集的数据不能完全覆盖后续数据服务或管理的需要，根据一次数据产生二次数据。

（4）数据采集系统需要对采集的数据或二次数据进行本地的存储及维护，保留不低于90天的数据，以供统计分析使用；系统存储禁止对本地数据的手工修改，保证数据真实、可靠。

（5）利用系统工具收集、分析、展示生产状况，进行实时监视，通过曲线、模拟图、饼图、棒状图和参数分类表多种监视方式实时显示主要运行参数和设备状态，通过对运行情况进行统计分析，降低设备故障，提高生产效率。

（6）利用系统工具实现对太阳能的资产设备进行全生命周期的管理，以及日常检修、运行工作的管理，具体包括安全生产管理、设备管理、维修管理、运行管理、培训管理、报表管理、绩效考核管理、查询统计。

（7）利用系统分析结果，在保证安全生产及高效维修的前提下，以降低备件库存量为目标，对备品备件的采购及存储使用进行调控。

（8）从人员管理、行政管理、组织管理、用户管理和技术管理各个方面加强系统防病毒措施，定期对网络进行检查，对重要的系统软件和数据做好备份；当系统被病毒入侵后，以"先抢救（数据）、后清除（病毒）"的原则进行处理。

【思考与练习】

1. 对光伏组件进行清洗时符合哪些规定？

2. 对光伏方阵支架进行巡检时检查哪些事项？

3. 对光伏逆变器进行巡检时检查哪些事项？

4. 对接地与防雷系统进行巡检时检查哪些事项？

5. 对分布式光伏发电中的电缆，如何进行巡检？

6. 对分布式光伏发电中的电能质量补偿装置，如何进行巡检？

7. 对分布式光伏发电中的监控及数据通信系统，如何进行检查？

8. 对分布式光伏发电中的数据采集及应用，如何进行检查？

第三节 运 维 管 理 制 度

一、人员管理

（1）运行操作人员应掌握光伏发电设备的工作原理，熟悉系统基本结构。

（2）运行人员应掌握计算机监控系统的使用方法，读懂光伏系统状态信息、数值故障信号及故障类型，掌握判断一般故障的原因和处理的方法。

（3）运行操作人员应熟悉操作票（运行管理维护人员在电力生产现场、设备、系统上进行检修、维护、消缺、安装、改造、调试、试验等工作的书面依据和安全许可证）、工作票（批准在电力设备上工作的书面命令，是检修、运行人员双方共同持有、共同强制遵守的书面安全约定）的填写以及有关规程的基本内容。运维人员应严格执行工作票、操作票和交接班制度、巡回检查制度、设备定期试验制度，工作票和操作票合格率和执行率均达到100%。

（4）运行操作人员持有相应电工特种作业证。

（5）从事起重、建筑登高架设作业、压力容器、焊接、机动车船艇驾驶等特殊工种的人员，应经过专业培训，获得"特种作业人员操作证"后，方准持证上岗。

（6）运行操作人员应身体健康，按时参加体检。

（7）对采用蓄电池作为储能装置的系统，配置符合条件的专职或兼职危险物品安全监督人员。

二、工具管理

（1）应配备以下用于光伏组件清洗的专业工具：

1）刮刀。

2）与光伏组件直接接触的柔软材质的清洁工具。

3）水管及小型增压泵等取水装置。

4）其他必要工具。

（2）应配备以下用于系统运行维护的专业工具：

1）万用表。

2）电流钳。

3）红外热像仪/温度记录仪。

4）绝缘电阻测试仪。

5）接地电阻测试仪。

6）其他必要工具。

（3）应配备以下用于安全防护的专业工具：

1）安全帽。

2）绝缘手套。

3）电工专用防护服。

4）绝缘鞋。

5）安全带及防坠器。

6）灭火器及专用放置箱。

7）其他必要工具。

（4）电站管理方应保证安全工作的机械、工器具及安全防护用具用品、安全设施的配备状况。

（5）所有机具设备和高空作业设备均应定期检查，保证设备处于完好状态；严禁使用不合格的机具、设备和劳动保护用品。

（6）涉及定期试验的机具、工器具、安全防护设施、安全用具、安全防护用品等必须具有检验、试验资质部门出具的合格的检验报告或合格证。

三、巡检周期及维护记录

（1）检查时要按规定的时间、路线、内容进行，发现问题及时汇报并做好登记工作。

（2）对巡检中发现的设备缺陷应及时填写缺陷单，重要的设备缺陷详细记入交接班记录簿中。

（3）对危及人身或设备安全的缺陷，采取临时安全措施。

（4）巡检结束后，在"运行日志"上进行记录，异常问题及时向上一级汇报。

（5）巡检周期及要求符合表5-1的规定，并按巡检要求填写巡检记录表。

（6）在以下特殊情况下，应在日常巡检基础上对重点部分进行额外检查，特殊情况包括但不限于：

1）设备大修后试运行。

2）新设备投入试运行。

3）存在缺陷的运行设备或容易损坏的重要部件。

4）特殊运行方式。

5）操作过的设备还处于不稳定状态。

6) 上一班交班的设备异常情况。

7) 自然条件发生变化，如环境污染、潮湿、大风、大雨、高温、暴晒、严寒、雷击等。

（7）对具备条件或有特殊要求的项目，利用智能化设备进行检测、数据采集和分析。

表 5-1　　　　　　　　　　　设备巡回检查记录表

单位名称			容量		
日期		巡检人员：	检查结果	具体位置	整改意见
设备名称	检查项目	检查标准			
光伏组件	组件表面清洁情况	无积灰、鸟粪、污物			
	组件是否完好	无破损、隐裂、热斑			
	组件固定情况	压块、螺栓无松动			
	组件接地情况	跨接线、地线完整，无脱落、松动			
	背板接线盒情况	无焦煳味、烧焦痕迹			
	有无遮挡	无遮挡			
支撑结构	支架连接情况	支架稳固、无变形，螺栓无松动			
	支架防腐情况	无大面积生锈腐蚀			
	支墩情况	无风化、龟裂、破碎，无位移			
逆变器	外观情况	无破损、安装牢固，无松动，有警示标识			
	温度	风扇、散热器正常			
	运行情况	并网发电正常，显示器示数正常，无故障报警			
汇流箱	外观情况	无破损、安装牢固，无松动，有警示标识			
	内部清洁情况	无大量灰尘，底部穿线口封堵			
	接线端子情况	接线无松动，无焦煳味，无烧焦痕迹			
电缆、线管、槽盒	电缆情况	绝缘无破损			
	电缆槽盒情况	无脱落、跨接线完整，盖板完整、无脱落，穿墙有防火封堵			
	穿线管情况	无破损、锈蚀			
防雷	支架接地情况	支架与建筑物接地网满焊、牢固			
	逆变器接地情况	接地线完整、无脱落			
	汇流箱接地情况	箱体接地充分、箱门跨接线完整、牢固			
	光伏系统整体接地情况	系统与建筑物接地网连接点满焊、牢固			
屋面	屋面整洁情况	无容易坠落、燃烧的杂物			
	屋面排水系统情况	排水口无杂物堵塞，排水良好			
配电（并网）柜	电缆及箱体外观	外观完好，线缆规范			
	内部器件、线路	内部器件完好，接线规范			
	接线图及封堵	有接线图，防火封堵完好			
电能表	安装质量、示数	安装规范，示数正常			
环境监测仪	安装、工作情况	安装牢固、设备完好，工作正常			
灭火器	是否配备、压力、有效期	按标准配备、压力正常、在有效期内			
变压器	有无渗漏油	变压器周围无油溢出			
	警示牌是否正确、明显	安全标示牌悬挂在明显位置			
	声音是否正常	无异响现象			

续表

单位名称				容量		
日期		巡检人员：		检查结果	具体位置	整改意见
设备名称	检查项目	检查标准				
配电室	室内卫生情况	室内干净、整洁，设备无积尘				
	消防设备检查	室内消防设施设备齐全、完好				
	防小动物措施检查	室内有粘鼠板或防小动物隔板				
	绝缘胶垫检查	绝缘胶垫完好、无老化现象				
	照明设施检查	室内日常照明灯及应急照明灯完好				
	通风设备检查	轴流风机及通风设备运行状态良好				

四、文档资料

（1）接收、整理、存档、保管分布式光伏发电系统的全套竣工图纸、关键设备说明书、操作手册、维护手册。

（2）全套竣工图纸、关键设备说明书、操作手册、维护手册的保管期限分为永久、长期、短期三种期限，密级分为绝密、机密、秘密三种。

（3）由运行工程师根据电站设备的说明书及工作特性制定设备维护的周期和项目，编制运行规程。

（4）根据具体项目情况，编制设备巡回检查记录表，列明检查项目、检查方法及标准、检查周期、对异常情况的处理办法等基本要求。

（5）接收到工作票后要认真审核该工作的可能性，然后填写接收时间并签名，不能进行工作的将工作票作废；工作票许可开工后，应记录在表 5-2 中。

表 5-2　　　　　　　　　　工 作 票 登 记 表

编号	操作内容	操作时间	结束时间	操作人员	监护人员	备注
1						
2						
3						
⋮						

（6）操作票在使用前必须统一编号，一经编号不得撕页或散失；除单项操作及事故处理不用操作票外，其余所有操作均须写操作票；操作票执行完毕后盖"已执行"章。

（7）在设备巡视和监视过程中发现的缺陷，填写"设备缺陷通知单"，如表 5-3 所示。

表 5-3　　　　　　　　　　设 备 缺 陷 通 知 单

序号	设备显示缺陷	缺陷发现时间	实际缺陷	发现人	处理意见及验收结果	缺陷消除时间	消缺人
1							
2							
3							
⋮							

（8）当值发现的缺陷及处理结果，应记录在"工作日志"上，如表5-4所示。

表5-4 工 作 日 志

班组负责人		日期	年	月	日	时	分
出 勤 人							
缺 勤 人							
工作安排							
工作内容							
其他							

（9）当值无法处理的缺陷，应填写"缺陷延期申请单"，如表5-5所示。

表5-5 缺 陷 延 期 申 请 单

设备名称					起止时间			
缺陷等级	致命		严重		一般		轻微	
申请原因	备品	停机	技术	外协	人员	厂家	配合	其他
目前状况								
检修采取措施								
运行防范措施								
事故预想								
申请部门					日期			
运行部门					日期			
总工程师					日期			
公司意见					日期			

（10）所有文档资料应真实、完整、正确、有效，其收集、保管、发放（借用）、使用、流转、回收应有序、及时、无误。

五、健康、安全与环境

光伏发电站的健康、安全与环境工作按 GB/T 35694《光伏发电站安全规程》的有关规定执行。

【思考与练习】

1. 光伏组件清洗的专业工具有哪些？

2. 用于分布式光伏发电系统运行维护的专业工具有哪些？

3. 对于分布式光伏发电系统运行文档资料如何进行管理？

第四节 并网运行对电网的影响

一、分布式光伏运行对电网可靠性的影响

在线路发生故障时，分布式光伏可以为停电的用户供电，尤其是对于那些非常重要的负荷，年平均断电时间将可大大减少。另外，在分布式光伏并网条件下，配电网可靠性的评估需要考虑新出现的影响因素，如孤岛的出现和分布式光伏输出功率的随机性等。其中，分布式光伏对供电可靠性的影响与分布式光伏孤岛运行紧密相关，孤岛运行是指当连接主电网和分布式光伏的任一开关跳闸，与主网解列后，分布式光伏继续给部分负荷独立供电，形成孤岛运行状态。在当前条件下，这种孤岛运行将影响检修人员的安全性，因此是不允许的，但若能提高运行管理水平，则可确保供电可靠性的有效提升。另外，分布式光伏受环境、气候影响很大，它们的出力很不稳定。这两种因素都从一定程度上影响可靠性的提升效果。

二、分布式光伏运行对其他运行方面的影响

1. 谐波与电压波动

采用逆变器接口形式的分布式光伏，由于电力电子设备的动作将会对馈线的谐波水平具有一定影响。分布式光伏越接近系统母线，对系统的谐波分布影响越小。同时，由于分布式光伏接入对配电网电压的影响在1%以内，因此对电压波动的影响也很小。相对于采用逆变器接口的分布式光伏，采用同步发电机接口的分布式电源对功率调制信号的响应速度上较慢，减少电压暂降持续时间的能力也较弱。

2. 继电保护

分布式光伏的接入将会增加配电线路的短路电流，进而影响上下游继电保护的故障判别能力。基于上述分析可知，采用分散接入的分布式光伏对短路电流的增量可控制在0.545kA以下，对继电保护的整定值影响很小；而采用专线接入的分布式光伏将对保护的整定值有很大影响。

3. 故障定位

对于基于FTU（配电开关监控终端）的故障定位隔离技术，若未引入分布式光伏，发生故障时可通过任意两个相邻遥测点的电流大小来判断故障点，即两点均有或无短路电流，则故障点不在两点之间，否则故障点在两点之间；若线路中引入分布式光伏，则线路中的某些区段变为双端电源供电，上述故障处理方法将不再适用，因此需要通过两个相邻遥测点的电流方向来判断故障点的位置。

三、分布式光伏运行对电网电能质量的影响

（一）一般性要求

（1）分布式光伏并网前应开展电能质量前期评估工作，分布式光伏应提供电能质量评估工作所需的电源容量、并网方式、逆变器型号等相关技术参数。

（2）分布式光伏向当地交流负载提供电能和向电网发送电能的质量，在谐波、电压偏

差、电压不平衡度、电压波动和闪变等方面应满足相关的国家标准。同时，当并网点的谐波、电压偏差、电压不平衡度、电压波动和闪变满足相关的国家标准时，分布式光伏应能正常运行。

（3）逆变器类型分布式光伏在并网点装设满足 IEC 61000-4-30《电磁兼容-试验和测量技术-电能质量测量方法》标准要求的 A 类电能质量在线监测装置。10(6)～35kV 电压等级并网的分布式光伏，电能质量数据应能够远程传送到电网企业，保证电网企业对电能质量的监控。380V 并网的分布式光伏，电能质量数据应具备一年及以上的存储能力，必要时供电网企业调用。

（二）谐波

分布式光伏所连公共连接点的谐波电流分量（方均根值）满足 GB/T 14549《电能质量 公用电网谐波》的规定，不超过表 5-6 中规定的允许值，其中分布式光伏向电网注入的谐波电流允许值按此电源协议容量与其公共连接点上发/供电设备容量之比进行分配。

表 5-6 注入公共连接点的谐波电流允许值

标准电压 (kV)	基准短路容量 (MVA)	谐波次数及谐波电流允许值（A）											
		2	3	4	5	6	7	8	9	10	11	12	13
0.38	10	78	62	39	62	26	44	19	21	16	28	13	24
6	100	43	34	21	34	14	21	11	11	8.5	16	7.1	13
10	100	26	20	13	20	8.5	15	6.4	6.8	5.1	9.3	4.3	7.9
35	250	15	12	7.7	12	5.1	8.8	3.8	4.1	3.1	5.6	2.6	4.7

注 标准电压 20kV 的谐波电流允许值参照 10kV 标准执行。

（三）电压偏差

（1）分布式光伏并网后，公共连接点的电压偏差应满足 GB/T 12325—2008《电能质量 供电电压偏差》的规定，即 35kV 公共连接点电压正、负偏差的绝对值之和不超过标称电压的 10％（注：如供电电压上、下偏差同号（均为正或负）时，按较大的偏差绝对值作为衡量依据）。

（2）20kV 及以下三相公共连接点电压偏差不超过标称电压的 ±7％。

（3）220V 单相公共连接点电压偏差不超过标称电压的 +7％、−10％。

（四）电压波动和闪变

（1）分布式光伏并网后，公共连接点处的电压波动和闪变满足 GB/T 12326《电能质量 电压波动和闪变》的规定。

（2）分布式光伏单独引起公共连接点处的电压变动限值与电压变动频度、电压等级有关，见表 5-7。

（3）分布式光伏在公共连接点单独引起的电压闪变值根据电源安装容量占供电容量的比例、以及系统电压等级，按照 GB/T 12326《电能质量 电压波动和闪变》的规定分别按三级作不同的处理。

表 5-7　　　　　　　　　　　　　　　　　　电压波动限值

r（次/h）	d（%）
$r \leqslant 1$	4
$1 < r \leqslant 10$	3 *
$10 < r \leqslant 100$	2
$100 < r \leqslant 1000$	1.25

注　1. r 表示电压变动频度，指单位时间内电压变动的次数（电压由大到小或由小到大各算一次变动）。不同方向的若干次变动，若间隔时间小于 30ms，则算一次变动；d 表示电压变动，为电压方均根值曲线上相邻两个极值电压之差，以系统标称电压的百分数表示。

2. 很少的变动频度 r（每日少于 1 次），电压变动限值 d 还可以放宽，但不在本标准中规定。

3. 对于随机性不规则的电压波动，以电压波动的最大值作为判据，表中标有"*"的值为其限值，也就是说随机性不规则的电压波动的最大值不超过 3%。

（五）电压不平衡度

分布式光伏并网后，其公共连接点的三相电压不平衡度不应超过 GB/T 15543《电能质量　三相电压不平衡》规定的限值，公共连接点的三相电压不平衡度不应超过 2%，短时不超过 4%；其中由分布式光伏引起的公共连接点三相电压不平衡度不应超过 1.3%，短时不超过 2.6%。

四、分布式光伏运行对功率控制和电压调节的影响

（一）有功功率控制

通过 10(6)～35kV 电压等级并网的分布式光伏应具有有功功率调节能力，并能根据电网频率值、电网调度机构指令等信号调节电源的有功功率输出，确保分布式光伏最大输出功率及功率变化率不超过电网调度机构的给定值，以确保电网故障或特殊运行方式时电力系统的稳定。

（二）电压/无功调节

（1）分布式光伏参与电网电压调节的方式包括调节电源的无功功率、调节无功补偿设备投入量以及调整电源变压器的变比。

（2）通过 380V 电压等级并网的分布式光伏功率因数应在 0.98（超前）～0.98（滞后）范围。

（3）通过 10(6)～35kV 电压等级并网的分布式光伏电压调节按以下规定：

逆变器类型分布式光伏功率因数应能在 0.98（超前）～0.98（滞后）范围内连续可调，有特殊要求时，可做适当调整以稳定电压水平。在其无功输出范围内，应具备根据并网点电压水平调节无功输出，参与电网电压调节的能力，其调节方式和参考电压、电压调差率等参数应可由电网调度机构设定。

（三）启停

（1）分布式光伏启动时需要考虑当前电网频率、电压偏差状态和本地测量的信号，当电网频率、电压偏差超出本规定的正常运行范围时，电源不应启动。

（2）通过 380V 电压等级并网的分布式光伏的启停可与电网企业协商确定；通过 10(6)～35kV 电压等级并网的分布式光伏启停时应执行电网调度机构的指令。

（3）分布式光伏启动时应确保其输出功率的变化率不超过电网所设定的最大功率变化率。

（4）除发生故障或接收到来自于电网调度机构的指令以外，分布式光伏同时切除引起的功率变化率不应超过电网调度机构规定的限值。

【思考与练习】

1. 什么是孤岛运行？

2. 简述分布式光伏对配网故障定位的影响。

3. 简述分布式光伏对电能质量的一般性要求。

4. 简述分布式光伏对电压偏差的要求。

5. 简述分布式光伏对电源有功功率控制的影响。

第六章

分布式光伏业扩报装

第一节　业　务　受　理

一、分布式光伏并网服务业务办理要求

1. 业务要求

受理分布式电源并网服务申请时，综合柜员应主动提供并网咨询服务，提供《分布式电源并网告知书》，履行"一次性告知"义务，将补贴及电价政策告知用户，由用户自行选择发电量消纳方式，全额上网或自发自用余电上网。接受、查验并网申请资料，并当即录入营销系统SG186，同时打印出《分布式电源申请表》，让客户签字盖章确认。

2. 客户需提供的资料清单

（1）自然人需提交身份证、产权证、与申请人名称一致的银行卡。项目业主有效身份证明（包括居民身份证、军人证、护照、驾驶证、户口簿或者公安派出所出具的户籍证明）；项目业主房屋产权证明（没有产权证，应具有乡镇及以上级政府出具的房屋使用证明；产权证明与项目业主不是同一人时需提授权书或屋顶租赁协议）；项目业主银行卡、开户行名称（此项目不作为受理必须条件，无卡用户可在并网前补交）。

（2）非自然人需提交营业执照、法人身份证、产权证明、开户许可证。项目业主营业执照、法人身份证——必须提供；项目业主房屋产权证明（没有产权证，应具有乡镇及以上级政府出具的房屋使用证明；产权证明与项目业主不是同一人时需提授权书或屋顶租赁协议）——必须提供；开户许可证（此项目不作为受理必须条件，无开户许可证用户可在并网前补交）。

3. 其他相关要求

如果自然人申请分布式光伏并网无法提供房产证，需要提供乡镇及以上级政府出具的房屋使用证明，证明内容应明确该户房屋坐落位置，是否属于合法建筑，其建筑面积等主要信息。

二、186系统业务受理流程

（1）路径：新装增容及变更用电≫业务受理≫功能≫业务受理-业务类型：分布式电源项目新装。业务受理-用户申请信息如图6-1所示。

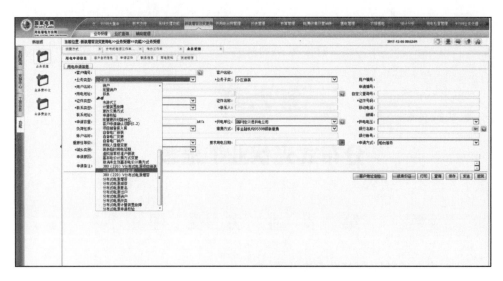

图 6-1　业务受理-用电申请信息

（2）在"发电申请信息"菜单窗口，如图 6-2 所示，正确选择发电量消纳方式、客户类别、纳税人类型、投资模式、中央补助、省级补助、市级补助、县级补助、用户行业分类、并网电压、发电方式、光伏扶贫标志等。

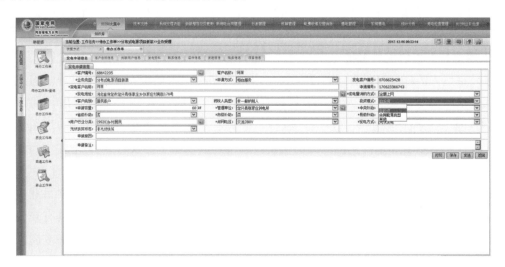

图 6-2　业务受理-发电申请信息

1）发电量消纳方式：全部自用、全额上网、自发自用余电上网。

2）客户类别：必填字段。自然人为居民，非自然人按营业执照区分。

3）纳税人类型：一般纳税人、非一般纳税人，按业主性质选择。

4）投资模式：自投资、合同能源类型、其他，按实际情况选择。

5）中央补助：金太阳、光电建筑一体化、度电补助、其他（现补贴基本为度电补助）。

6）省级补助、市级补助、县级补助：因现省级补助与中央补助共用一个电价，所以选择否，如果无其他补助金额的全部选否。

7）用户行业分类：按报装用户的性质正确选择。

8）并网电压：接入公用变压器用户按 8kW 以下（不含）为交流 220V，8kW 以上（含）为交流 380V；接入专用变压器用户按实际选择。

9）发电方式：选择光伏发电。

10）光伏扶贫标志：扶贫项目按照扶贫文件选择，没有扶贫文件的项目选择非光伏扶贫。

（3）在"客户自然信息"菜单窗口，如图 6-3 所示，新增用户可自动生成，无须手工填加；增容、更名、过户、改类等用户须手动更改，否则会导致与发电客户名称不一致。

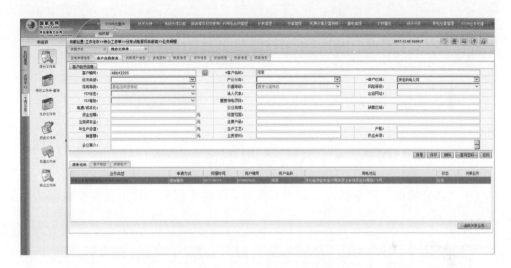

图 6-3　业务受理-客户自然信息

（4）在"关联用户信息"菜单窗口，如图 6-4 所示，自发自用余电上网用户，必须关联家庭用电户全额上网用户，报装初期还未建立关联户，可暂时选择家庭用电户关联。

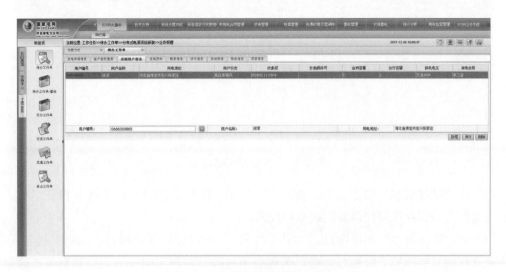

图 6-4　业务受理-关联用户信息

（5）在"发电资料"菜单窗口，如图6-5所示，此处可上传电子图档，这里跟普通业扩有点区别，区别就是无法在SG186系统内部实现拍照，可用高拍仪拍好后上传，实现电子档案存档，一般上传用户报装提交的纸制资料和申请表。

图6-5　业务受理-发电资料

（6）在"联系信息"菜单窗口，如图6-6所示。联系信息：可上传多个联系人，例如用户、代理人……

图6-6　业务受理-联系信息

（7）在"证件信息"菜单窗口，如图6-7所示。证件信息：自然人为身份证名称、号码；非自然人为营业执照代码或组织机构代码。

（8）在"账务信息"菜单窗口，如图6-8所示。正确选择开户银行，原则上选到支行，选不到支行的只能选择上级银行，账户名称必须与报装客户为同一人，否则财务支付会有问题，开户账号务必认真填写，否则会付款失败。电费支付方式按照公司财务部门要求选

择。票据类型：自然人按照公司财务部门要求选择；非自然人按照企业开票税率选择，开
票单位按实际填写。

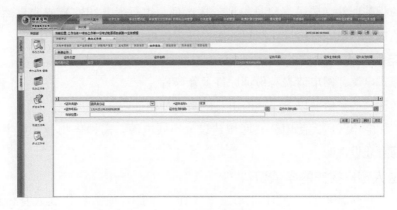

图 6-7　业务受理-证件信息

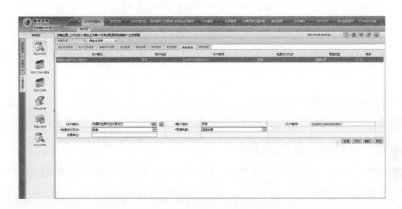

图 6-8　业务受理-账务信息

（9）在"项目信息"菜单窗口，如图 6-9 所示。项目批复文号：没有备案文件的填营
销暂无，其他持有备案文件的按文件填写文号。项目备案信息填写完毕，返回至发电申请
信息界面打印《分布式电源并网申请表》。

图 6-9　业务受理-项目信息

三、分布式电源并网服务存档资料要求

分布式电源并网服务存档资料包括分布式电源并网告知书、分布式电源并网申请表、自然人提交的相关证件（居民客户身份证、房产证、银行卡复印件）或非自然人提交的相关证件（营业执照、法人身份证、产权证明、开户许可证复印件）。

（一）自然人客户提交的申请资料

（1）分布式电源并网申请表身份证原件及复印件。

（2）房产证（或乡镇及以上级政府出具的房屋使用证明）。

（3）对于住宅小区居民使用公共区域建设分布式电源，需提供物业、业主委员会或居民委员会的同意建设证明。

（二）法人客户提交的申请资料

（1）经办人身份证原件及复印件和法人委托书原件（或法定代表人身份证原件及复印件）。

（2）企业法人营业执照、土地证项目合法性支持性文件。

（3）政府投资主管部门同意项目开展前期工作的批复（需核准项目）。

（4）发电项目（多并网点 380/220V 接入、10kV 及以上接入）前期工作及接入系统设计所需资料。

（5）用电电网相关资料（仅适用于大工业用户）。

注：合同能源管理项目、公共屋顶光伏项目，还需提供建筑物及设施使用或租用协议。

四、分布式电源并网服务时限要求

（1）开始时间：业务受理的接收时间；结束时间：答复方案环节的完成时间；

（2）答复受理考核时限：从业务受理开始到答复方案完成后第一类 40 个工作日（其中分布式光伏发电单点并网项目 20 个工作日，多点并网项目 30 个工作日）；第二类 60 个工作日。

五、特殊情况处理

（一）非自然人报装申请注意事项

非自然人报装要向用户讲解其必须能够开具光伏发票，否则不予支付（上网电费、国补、省补均正常抄表、核算，但是不予支付），同时询问用户税率，以便在现场勘查环节录入系统。关于开票事宜让用户到当地税务局咨询。全额上网的非自然人用户申请，还要告知用户，需待其纳入财政部补助目录后，方可支付国家补助资金，否则只支付上网电费及省内补助资金。

（二）合表用户（几户合用一块电表的）申请人申请注意事项

如果申请人与系统用户名称不一致，且申请人房屋为申请人本人所有，如果其申请全额上网，流程不变，可以现场勘查就近公用变压器台区进行接入；如果其申请自发自用余电上网，向客户解释发电量的计量结算没有问题，供电公司计量的上网电量只是其所发电量在全体合表用户集体内部消纳完成后剩余部分，极有可能没有上网电量。

（三）小区内用户（供电公司收费到户的）申请人申请注意事项

对于住宅小区居民使用公共区域建设分布式电源，可以申请全额上网和自发自用余电上网，但因屋顶为公共区域，除按照自然人申请提交资料外，需提供物业、业主委员会或居民委员会的同意建设证明。

（四）小区内用户（供电公司收费到变压器的）申请人申请注意事项

对于住宅小区居民使用公共区域建设分布式电源，可以申请全额上网和自发自用余电上网，但因屋顶为公共区域，除按照自然人申请提交资料外，需提供物业、业主委员会或居民委员会的同意建设证明。因其系统收费名称与申请人不一致，所以只可结算发电量补助，所发电量全部在小区内消纳，不存在上网电费，此部分上网电费由申请人和系统用电户协商解决。如果用户确需申请全额上网，可以现场勘查就近公用变压器台区进行接入。

（五）村委会及其他组织、机构申请注意事项

均须按照非自然人申请提供相关资料。

（六）合同能源管理申请注意事项

非自然人（法人）报装，且发电量消纳方式为自发自用或余电上网。分布式光伏项目投资方与用电方为不同法人。除正常报装资料外，还需要签订合同能源管理协议，协议主要内容为投资、收益、维护责任的确定。

（七）非屋顶光伏申请注意事项

凡是不是利用屋顶建设的分布式光伏电站，比如用荒坡、滩涂、鱼塘等，都需要省里下达的年度指标，分解至各县政府，由各县政府层层上报至省里，省政府下达建设计划后方可按照常规能源流程办理，非分布式电源并网流程。

【思考与练习】

1. 客户在办理分布式电源并网服务时，需提供哪些资料？
2. 简述分布式电源并网服务存档资料要求。
3. 简述分布式电源并网服务业务受理时限要求。

第二节　现　场　勘　察

一、勘查现场

（1）220/380V 全额上网用户现场勘察应该认真核实用户信息、消纳模式、查看接入台区容量、台区线路双重编号、电能表安装位置、产权分界点、进户线型号需求等。

（2）220/380V 自发自用余电上网用户，需核实用户电能表是否具备双向计量功能。

（3）10kV 自发自用余电上网用户，核实专用变压器容量、变压器台数、查看接入变压器、线路走径、需附设线缆型号、计量表是否具备双向计量功能、产权分界点信息。

全额上网为新增一块智能表，自发自用余电上网用户需更换双向计量表的要注明。

二、勘察方案

营销 SG186 系统路径：工作任务≫待办工作单≫分布式电源项目新装≫现场勘查。找

到待办工作任务，双击进入现场勘查，选择勘查方案-勘查信息，输入勘查意见，点击保存，如图 6-10 所示。

图 6-10　勘查方案-勘查信息

（1）在"接入方案"菜单窗口，如图 6-11 所示，选择接入方案：输入预计月自发电量，月自发电量＝用报装容量×日照时间×30 天；全额上网用户为接入公共电网；自发自用余电上网用户为接入用户侧；10kV 以下单点并网接入公用变压器的项目无须设计（选否）；自然人税率为 0，非自然人按照企业开票信息正确填入税率。

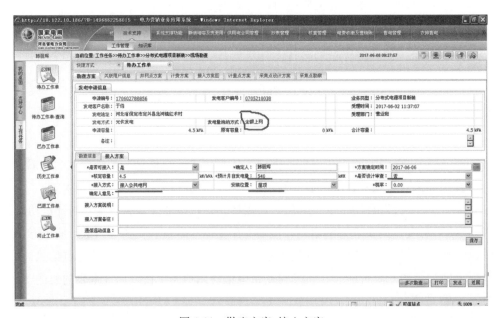

图 6-11　勘查方案-接入方案

（2）在"关联用户信息"菜单窗口，如图 6-12 所示，自发自用、余电上网用户必须是项目业主用电户或是合同能源管理用电户；全额上网用户，光伏计划接入哪个台区，就关联到哪个台区的用户编号，此关联户后期需要更改。

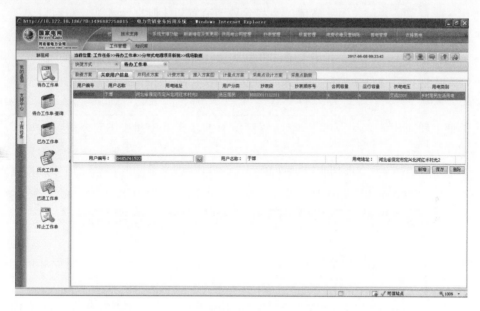

图 6-12　勘查方案-关联用户信息

（3）在"并网点方案"菜单窗口，如图 6-13 所示，公共连接点类型——公用变压器（专用变压器），选择连接点性质——主用（备用）。接入点电压，8kW（不含）以下为交流 220V，8kW（含）以上为交流 380V。点开台区后面的＋号，点开用户名称后面的＋号，输入关联户用户编号，勾选供电单位；勾选已查询到的用户，点击确认；选中查询到的台区，确定（复制线路编码）；点击线路后面的＋号，输入线路编码－点击"查询"，选中查询到的线路，点确定（复制变电站编码）；点击变电站名称后面的＋号，输入变电站编码－点击"查询"，选中查询到的变电站，点确定，点击进线方式后面的小箭头，正确选择进线方式；点击保护方式后面的小箭头，正确选择保护方式；点击产权分界点后面的＋号，选择产权分界点，一般低压公用变压器并网选择电能表出线 20cm 或接户线用户端最后支撑物，10kV 并网用户按实际填写；输入接入容量，点击保存。

（4）在"接入点方案"菜单窗口，如图 6-14 所示。在"接入点名称"输入"×××分布式光伏接入点""接入点容量"：按报装容量输入；接入点电压 8kW（不含）以下为交流 220V，8kW（含）以上为交流 380V，专用变压器用按实际填写；接入点间的切换方式，选择手动，点击保存。

（5）在"并网点方案"菜单窗口，如图 6-15 所示，在"并网点名称"输入"×××分布式光伏接入点"；并网点电压 8kW（不含）以下为交流 220V，8kW（含）以上为交流 380V，专用变压器用按实际填写；项目批复文号按实际选择；"并网点容量"：按报装容量输入"切换方式"。选择手动，点击保存。

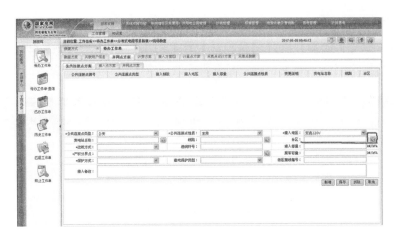

图 6-13　并网点方案-公共连接点方案

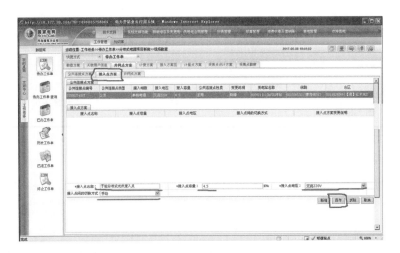

图 6-14　并网点方案-接入点方案

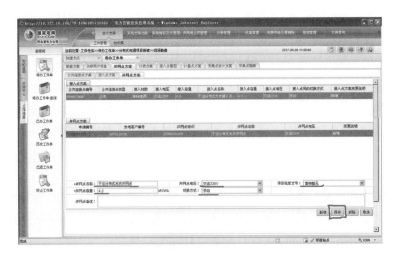

图 6-15　并网点方案-并网点方案

（6）在"计费方案"菜单窗口，如图 6-16 所示，定价策略类型：选择单一制，不计算基本电费、不考核功率因数；每一个光伏发电用户，均需新增两个电价；不执行峰谷，不考核功率因数。

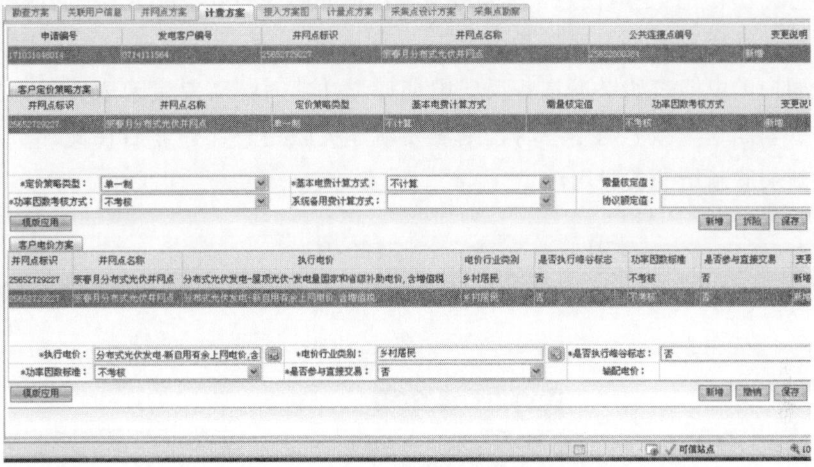

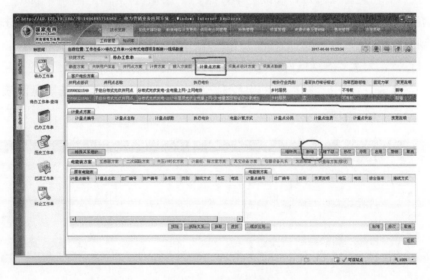

图 6-16　计费方案

（7）在"计量点方案"菜单窗口，如图 6-17 所示，选中"新增"，新增发电计量点方案；在"计量点名称"：输入"×××发电计量点"；"计量点分类"：选择"电厂关口"，"计量点性质"：选择"结算"，在"执行电价"：选择"发电关口"；点击台区后面的"＋"号；电价选择"发电"，"主用途类型"就选择"发电关口"。选中"公共连接点"信息，点击"确认"，会自动导入线路、台区和计量点容量。

图 6-17　计量点方案

分布式光伏并网"电压等级"选择：8kW（不含）以下选"交流 220V"，8kW（含）以上选"交流 380V"。电能计量装置的选择：分布式光伏 220V 并网应使用"Ⅴ类电能计量装置"；分布式光伏380V并网应使用"Ⅳ类电能计量装置"。"电量计算方式"的选择：暂选"转供电量"（否则没有表是不允许发送至下一环节的）。电能表方案，在业扩报装业务初期不用建立，待用户报项目验收时，供电公司5个工作日内完成电能计量装置安装，那时再回退工单建立电能表方案。回退时注意：一定要选择回退原回退环节，否则工单回退后会超期。

（8）在"关联用户信息方案"菜单窗口，如图6-18所示，属于自发自用余电上网用户，当关联用户的电能表如果不具备反向电能计量功能时，需要走换表流程，更换成双向计量电能表；当属于全额上网用户时，则需要新建关联用户，建好后在此环节，删除原关联用户，重新关联新增的关联用户。

图6-18　关联用户信息方案

（9）在"电能表方案"菜单窗口，如图6-19所示，先修改计量点方案，将"转供电量"改成"实抄（装表计量）"；新增"上网表"：无论是全额上网用户，还是自发自用余电上网用户，一律选择"计量点电能表关系方案"，输入关联户用户编号，点击"查询"，勾选查询到的电能表信息，点击"保存"。选中新增的上网表点修改，取消默认的"有功（总）"，勾选"有功反向（总）"，修改完毕，点击"保存"。全额上网用户新增"发电表"：跟"上网表"一样，选择"计量点电能表关系方案"，输入关联户用户编号，点击"查询"，勾选查询到的电能表信息，点击"保存"。选中新增的"发电表"，点击"修改"，取消默认的"有功（总）"，勾选"有功反向（总）"，修改完毕后，点击"保存"。自发自用余电上网用户新增"发电表"：选中"发电补助电价"，点击"新增"，按需求选择电能表电压、电流、类别、类型、接线方式。

图6-19　电能表方案

（10）点击"采集点设计方案"，会自动读取采集点方案（前提是关联用户必须做用电信息采集），如图 6-20 所示。

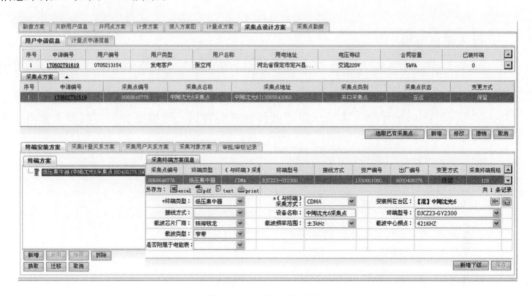

图 6-20 采集点设计方案

（11）点击"采集点勘察"，会自动读取采集点勘察方案（前提是关联用户必须做用电信息采集），如图 6-21 所示。最后，点击"勘查方案"返回主页面，完成现场勘查，发送至下一环节。

图 6-21 采集点勘察

【思考与练习】

1. 在分布式光伏业扩报装中，在现场勘察环节需勘察哪些内容？

2. 在分布式光伏业扩报装中，如何建立电能表方案？

第三节 分布式光伏接入方案制定

一、接入电压等级

（1）380V：单个并网点 300kW 以下可以采用 380V 接入（8kW 及以下采用 220V 单相接入）。

（2）10kV：单个并网点 300kW～6MW 推荐采用 10kV 接入；条件允许时，也可采用 380V 接入。

（3）多点接入时应按照实际情况考虑。

二、接入点选择原则

（一）380V 对应接入点

配电箱、箱式变压器或配电室低压母线（公用或用户）。

（二）10kV 对应接入点

（1）变电站 10kV 母线（公用）。

（2）10kV 开关站、配电室或箱式变压器（公用）。

（3）T 接 10kV 线路（公用）。

（4）用户 10kV 母线。

三、主要设备选择

（一）主接线

（1）380V 采用单元或单母线接线。

（2）10kV 采用线变压器组或单母线。

（3）分布式光伏内部设备接地形式：10kV 采用不接地方式，380V 根据低压系统接地型式确定。

（二）升压站主变压器

并网电压为 10kV：升压用变压器容量采用 315、400、500、630、800、1000、1250kVA 单台或多台组合。

（三）送出线路导线截面

（1）考虑光伏发电效率等因素。

（2）导线截面按照持续极限输送容量选择。

（四）断路器型式

（1）380V：微型、塑壳式或万能断路器，具备电源端与负荷端反接能力；并网点应安装易操作、具有明显开断点、具备开断故障电流能力的开断设备。

（2）10kV：公共连接点为负荷开关时，需改造为断路器，短路电流为 20kA 或 25kA。并网点应安装易操作、可闭锁、具有明显开断点、带接地功能、可开断故障电流的开断设备。

（五）光伏逆变器

光伏逆变器严格执行现行国家、行业标准中规定的包括元件容量、电能质量和低压、低频、高频、接地等涉网保护方面要求。

（六）无功配置

（1）380V：光伏发电系统应保证并网点处功率因数在 0.98（超前）～0.98（滞后）范围内。

（2）10kV：光伏发电系统功率因数应实现 0.95（超前）～0.95（滞后）范围内连续可调；无功补偿装置类型、容量及安装位置结合分布式光伏发电系统实际接入情况确定，优先利用逆变器的无功调节能力，必要时也可安装动态无功补偿装置。

（七）系统继电保护及安全自动装置

1. 线路保护

（1）380/220V 电压等级接入：并网点和公共连接点的断路器具备短路瞬时、长延时保护功能和分励脱扣、失压跳闸及低压闭锁合闸等功能。

（2）10kV 电压等级接入：送出线路继电保护配置：按照由系统侧解决线路故障的原则，一般情况下系统侧配置过电流保护或距离保护；有特殊要求时可配置纵联电流差动保护。分布式光伏发电采用 T 接线路接入系统时，一般情况下需在光伏发电站侧配置过电流保护。

系统侧相关保护校验及完善：对相邻线路现有保护进行校验，当不满足要求时，应进行完善。

2. 母线保护

分布式光伏系统可不设专用母线保护，发生故障时可由母线有源连接元件的后备保护切除故障。有特殊要求时，也可相应配置保护装置，快速切除母线故障。

3. 孤岛检测与安全自动装置

逆变器必须具备快速检测孤岛且检测到孤岛后立即断开与电网连接的能力，其防孤岛方案与继电保护配置、频率电压异常紧急控制装置配置和低电压穿越等相配合，时限上互相匹配。

分布式光伏接入 10kV，需在并网点设置自动装置，实现频率电压异常紧急控制，跳开并网点断路器。

380V 电压等级不配置防孤岛检测及安全自动装置，采用具备防孤岛能力的逆变器。

4. 其他

当以 10kV 线路接入公共电网环网柜、开关站时，环网柜或开关站需要进行相应改造，须具备二次电源和设备安装条件。可选用壁挂式、分散式直流电源模块。

系统侧变电站或开关站线路保护重合闸检无压配置根据当地调度主管部门要求设置，必要时配置单相 TV。

光伏电站逆变器具备过电流保护与短路保护、孤岛检测，在异常时自动脱离系统功能。

（八）系统调度自动化

1. 调度管理

10kV 接入的分布式光伏发电项目，上传信息包括并网设备状态，并网点电压、电流、有功功率、无功功率和发电量，调控中心应实时监视运行情况；380V 接入的分布式光伏发电项目，暂只需上传发电量信息。

2. 远动系统

（1）10kV 电压等级接入：由本体监控系统集成或独立配置远方终端。

（2）380/220V 电压等级接入：只考虑采集关口计量电能表计量信息。

（3）10kV/380V 多点、多电压等级接入：各并网点信息原则上要求统一采集并远传。

3. 功率控制要求

自发自用的分布式光伏不考虑系统侧对其进行功率控制。余量上网/统购统销分布式光伏，当调度端对分布式光伏有功率控制要求时，需明确参与控制的上下行信息及控制方案。

4. 信息传输

远动实时信息上传采用专网方式，优先采用电力调度数据网络。

5. 安全防护

满足二次安全防护要求，配置相应的安全防护设备。

6. 电能质量在线监测

（1）10kV 接入时，需在并网点配置电能质量在线监测装置。

（2）监测电压、频率、谐波、功率因数等。

（3）380/220V 接入时，电能表具备电能质量在线监测功能，可监测三相不平衡电流。

（九）系统通信

（1）应适应电网调度运行管理规程的要求。

（2）参照《终端通信接入网工程典型设计规范》进行设计。

1. 通信通道要求

分布式光伏发电接入系统按单通道考虑。

2. 通信方式

（1）10kV：

1）光纤通信：结合电网整体通信网络规划，采用 EPON（以太网无源光网络）技术、工业以太网技术、SDH（同步数据传输系统）/MSTP（基于 SDH 的多业务传送平台）技术等多种方式；

2）中压电力线载波；

3）无线方式。

（2）380V：

1）无线方式：可采用无线专网或 GPRS（通用无线分组业务）、CDMA（码分多址）无线公网通信方式。

2）当有控制要求时，不得采用无线公网通信方式。

（十）电能计量与结算

（1）电能表按照计量用途分为两类：关口计量电能表，用于用户与电网间的上、下网电量计量；并网电能表，可用于发电量统计和电价补偿。

1）关口计量电能表，原则上设置在产权分界点。配置专用关口计量电能表，并将计费信息上传至运行管理部门。

2）并网点应设置并网电能表，用于光伏发电量统计和电价补偿。

3）统购统销运营模式，可由专用关口计量电能表同时完成电价补偿计量和关口电费计量功能。

（2）10kV 接入选用不低于Ⅱ类电能计量装置；380/220V 接入选用不低于Ⅲ类电能计量装置。

（3）10kV 电压等级并网，关口计量点应安装同型号、同规格、准确度相同的主、副电能表各一套。380/220V 电压等级并网的分布式光伏发电系统电能表单套配置。

（4）多点、多电压等级接入的组合方案，各表计量信息应统一采集后，传输至相关主管部门。

（5）10kV 接入，计量用互感器的二次计量绕组应专用，不得接入与电能计量无关的设备。

（6）电能计量装置应配置专用的整体式电能计量柜（箱），电流、电压互感器宜在一个柜内，在电流、电压互感器分柜的情况下，电能表应安装在电流互感器柜内。

（7）10kV 电能计量应采用计量专用电压互感器（准确度为 0.2）、电流互感器（准确度为 0.2S）；380/220V 电能计量应采用计量专用电压互感器（准确度 0.5）、专用电流互感器（准确度采用 0.5S）。

（8）以 380/220V 接入的电能计量装置应具备电流、电压、电量等信息采集和三相电流不平衡监测功能，具备上传接口。

四、几点说明

1. 关于反孤岛装置的配置

按照 NB/T 32015《分布式电源接入配电网相关技术规定》的要求，《分布式电源接入系统典型设计（2016 版）》方案中明确：

分布式光伏接入公网 380V 系统，当接入容量超过本台区配电变压器额定容量 25％时，相应公网配电变压器低压侧刀熔总开关应改造为低压总开关，并在配电变压器低压母线处装设反孤岛装置；低压总开关应与反孤岛装置间具备操作闭锁功能，母线间有联络时，联络开关也应与反孤岛装置间具备操作闭锁功能。

2. 关于发、用电量的计量

为了避免用户上、下网电量相互抵扣，形成净电量计量，《分布式电源接入系统典型设计（2016 版）》明确：

分布式发电系统接入配电网前，应明确上网电量和下网电量关口计量点，原则上设置在产权分界点，上、下网电量分开计量，分别结算。关口电能计量表具备上、下网分开结算功能。

3. 关于产权分界点的设置

统购统销项目明确产权分界点为"电源项目与电网明显断开点处开关设备的电网侧";自发自用（余量上网）项目产权分界点保持原方式不变。

【思考与练习】

1. 简述分布式光伏并网接入点电压选择原则。

2. 简述分布式光伏并网项目发功配置要求。

第四节　分布式光伏并网验收及调试

一、分布式光伏并网验收及调试需提供的材料清单

分布式光伏并网验收及调试需提供的材料清单如表 6-1 所示。

表 6-1　　　　　　　　　分布式光伏并网验收及调试需提供的材料清单

序号	资料名称	220V 项目	380V 项目	10kV 逆变器类项目
1	施工单位资质复印件［承装（修、试）电力设施许可证］	√	√	√
2	主要设备技术参数、型式认证报告或质量检验证书，包括逆变器、变压器、断路器、隔离开关等设备	√	√	√
3	并网前单位工程调试报告（记录）		√	√
4	并网前单位工程验收报告（记录）	√	√	√
5	并网前设备电气试验、继电保护整定、通信联调、电能量信息采集调试记录		√	√
6	项目运行人员名单（及专业资质证书复印件）			√

注　光伏电池、逆变器等设备，需取得国家授权的有资质的检测机构检测报告。

1. 施工单位资质复印件［承装（修、试）电力设施许可证］

(1) 要求国家能源局华北监管局颁发（或在要求国家能源局华北监管局备案）。

(2) 提供"承装（修、试）电力设施许可证"正、副本、年审页。

(3) 需加盖公章。

2. 主要设备技术参数、型式认证报告或质量检验证书，包括逆变器、断路器、隔离开关等设备

(1) 组件（电池板）认证证书（CQC 或鉴衡）主、附页。

(2) 组件（电池板）出厂检测报告、合格证。

(3) 逆变器（CQC 或鉴衡）认证证书主、附页。

(4) 逆变器出厂检测报告、合格证。

(5) 配电箱（断路器、隔离开关等设备）合格证。

二、分布式并网验收与调试现场验收项目

(1) 检查光伏电池板容量、安装数量，计算安装容量是否与报装容量相符。

（2）核实接入公用变压器台区编号、线路编号，台区接入率是否超过公用变压器容量的 25%。

（3）检查交流配电箱，是否按要求配备明显断开点，是否具备失压跳闸功能，是否具备检有压自动合闸功能，是否安装防雷保护装置。

（4）检查接地装置（外壳接地、逆变器接地、防雷接地），防雷接地线型号不得低于 6mm² 铜线 ，且不得与支架接地缠绕。

（5）检查光伏组件、逆变器、交流配电箱、计量表之间接线是否正确。

（6）合闸送电，测试交流配电箱失压跳闸检有压自动合闸功能，查看逆变器工作情况、数据显示情况，检查并网后的并网电压是否符合标准，抄录相关信息，填写验收意见单。

三、交流配电箱的验收

（1）交流配电箱中应具备明显断开点，如图 6-22 所示为隔离开关，隔离开关可以作为明显断开点。其他类型的可见明显断开位置的开关也可作为明显断开点。

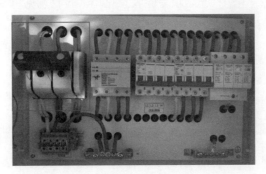

图 6-22　交流配电箱验收-隔离开关

（2）检查交流配电箱，是否具备失压跳闸、检有压自功合闸功能。如图 6-23 所示，方框内为自复式过欠压延时保护器，具备失压跳闸、检有压自动合闸功能。

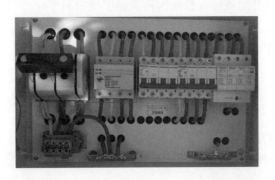

图 6-23　交流配电箱验收-过欠压延时保护器

（3）检查交流配电箱，是否具备防雷保护装置。如图 6-24 所示，方框内为浪涌保护器，具备防雷功能，视为合格。

（4）检查交流配电箱，接地装置验收。检查接地装置（外壳接地、逆变器接地、防雷接地），防雷接地线型号不得低于 6mm² 铜线 ，且不得与支架接地缠绕，如图 6-25 所示。

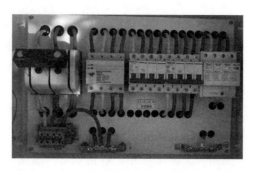

图 6-24 交流配电箱验收-浪涌保护器

图 6-25 交流配电箱
验收-接地装置

四、验收注意事项

（1）合闸送电，测试交流配电箱失压跳闸检有压自动合闸功能，查看逆变器工作情况、数据显示情况，抄录相关信息，填写验收意见单（验收意见单签字，由营销人员、运维人员、调度人员 3 人以上签字）。

（2）检查接线正确后，合闸送电，测试交流配电箱失压跳闸检有压自动合闸功能，查看逆变器工作情况、数据显示情况，检查并网后的并网电压是否符合标准，抄录相关信息，填写验收意见单。

（3）检查电能表工作状态，单相电能表检查是否具有当前反向总电量，三相四线电能表检查 A、B、C 相电压是否合格。

【思考与练习】

1. 220V 分布式光伏并网项目，验收时需提供哪些材料？

2. 380V 分布式光伏并网项目，验收时需提供哪些材料？

3. 10kV 分布式光伏并网项目，验收时需提供哪些材料？

4. 分布式光伏并网项目，现场验收调试哪些项目？

第五节 分布式光伏合同管理

一、发用电合同适用对象

（1）A 类合同适用对象为接入公用电网的分布式光伏发电项目（发电量消纳方式为全额上网）。

（2）B 类合同适用对象为发电项目业主与用户为同一法人，且接入高压用户内部电网的分布式光伏发电项目（高压并网且发电量消纳方式为自发自用）。

（3）C 类合同适用对象为发电项目业主与用户为同一法人，且接入低压用户内部电网的分布式光伏发电项目（低压并网且发电量消纳方式为自发自用）。

（4）D 类合同适用对象为发电项目业主与用户为不同法人，且接入高压用户内部电网的分布式光伏发电项目（高压并网且发电量消纳方式为自发自用，合同能源管理）。

（5）E类合同适用对象为发电项目业主与用户为不同法人，且接入低压用户内部电网的分布式光伏发电项目（低压并网且发电量消纳方式为自发自用，合同能源管理）。

二、发用电合同签订时限

1. 工作要求

受理项目业主并网验收与调试申请后，负责参照国家电网有限公司发布的参考合同文本办理发用电合同签订工作。其中，对于发电项目业主与电力用户为同一法人的，与项目业主（即电力用户）签订发用电合同；对于发电项目业主与电力用户为不同法人的，与电力用户、项目业主签订三方发用电合同。地市供电企业调控中心负责起草、签订35kV及10kV接入项目调度协议。合同提交地（市）、县供电企业财务、法律等相关部门会签。其中，自发自用余电上网的分布式电源发用电合同签订后报省公司交易中心备案。

2. 时限要求

（1）装表及合同签订工作时限：

1）开始时间：并网受理申请的完成时间。

2）结束时间：计量装置安装完成或合同签订完成或并网调度协议签订三者之间的最大时间。

（2）装表及合同签订工作时限（竣工验收）：自并网受理申请之日起到计量装置安装完成或合同签订完成或并网调度协议签订的最后时间为10个工作日，其中第一类380/220V项目5个工作日。

【思考与练习】

1. 发用电合同适用对象有哪几类？

2. 装表及合同签订工作时限是如何规定的？

第六节　分布式光伏抄表核算

一、分布式光伏结算要求

（1）结算和补贴服务。分布式电源发电量可以全部自用或自发自用余电上网，由用户自行选择，用户不足电量由电网提供；上、下网电量分开结算，各级供电公司均应按国家规定的电价标准全额保障性收购上网电量，为享受国家补贴的分布式电源提供补贴计量和结算服务。

（2）全额上网抄表、核算现场只有1块表计，分别用于计量分布式用户的发电、上网和逆变器用电量。现场抄表时需要抄：有功（总）、正向有功（总）、反向有功（总）。在SG186录入表底时，分布式用户的发电关口和上网关口均录入反向有功（总）示数，用于计算用户光伏的发电量和上网电量；分布式用户关联的逆变器户系统录入表底示数为现场抄表抄时电能表中的正向有功（总）示数，用于计算用户逆变器的用电量，并按此缴纳下网电费。

（3）自发自用余电上网抄表、核算。现场有2块表计，即一块并网电能表（发电表），计量发电量；另一块关口电能表（上网表），该表为双向计量表，计量上网电量和用户用网电量。

现场抄表时需要抄：并网电能表（发电表）的反向有功（总）和关口电能表（上网表）的正向有功（总）和反向有功（总）。在SG186录入表底时，分布式用户的发电关口录入发电表的反向有功（总）电量，上网关口录入上网表的有功反向（总）电量，分别用于计算用户光伏的发电量和上网电量；用电客户录入上网表的有功正向（总）电量，用于计算用户用电量，并按此缴纳下网电费。

（4）其他要求

1）自发自用余电上网的用户，发电量必大于上网电量，出现发电量小于或等于上网电量时要注意核实表底和现场接线以及电能表的故障问题，要及时排查。

2）在核算时，应注意全额上网用户的发电关口和上网关口的电量和示数均应一致，且逆变器用户电量一般不大（为个位数或是很少）。发现逆变器用户电量过大，要注意核实表底和现场接线以及电能表的故障问题，要及时排查。

二、系统查询相关信息

1. 档案查询

客户信息统一视图≫查询发电客户，即可查询该户档案信息相关内容。同时此界面也可实现按编号、名称、发电量消纳方式、合同容量、台区等分类查询。

2. 客户每月电量电费数据查询（用户咨询时用以查询）

路径1：核算管理≫公共查询≫应收电费查询≫用户编号（录入分布式用户编号）≫点击查询≫点击发电客户电费信息≫选择开始电费年月≫点击查询，即可实现按户查询每月电量电费数据。

路径2：电费收缴及营销账务≫营销账务管理≫分布式电源≫分布式电源应付管理。

3. 每月分布式电量电费数据查询（每月电费发行后按此打印发票）

系统支撑功能≫自定义查询≫常规查执行查询。

三、分布式手工传递财务功能

1. 分布式应付信息发送

电费收缴及营销账务管理≫营销账务管理≫功能≫应付信息发送，如图6-26所示。

注：此功能适用前提是发电用户在财务管控系统中存在此户档案信息。

若点击发送后，再重新查看应付状态还是未锁定状态，则有可能是档案原因导致传递失败，可以检查用户档案是否完整，必填字段是否都具备。

必填项有发电客户编号、发电客户名称、项目批复文号、批复时间、合同编号、合同容量、并网电压、发电方式、发电量消纳方式、中央补助类型、票据类型、税率、并网日期、发电地址、联系类型、联系人、客户类别、证件类型、证件名称、证件号码、账户名称、开户银行、开户账号。客户档案管理≫客户信息统一视图≫功能≫客户信息统一视图，如图6-27所示。

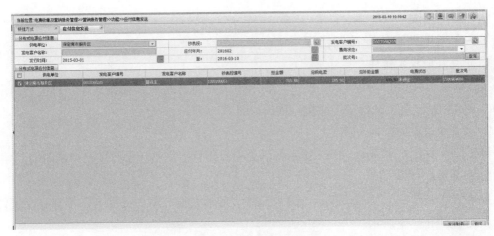

图 6-26 应付信息发送

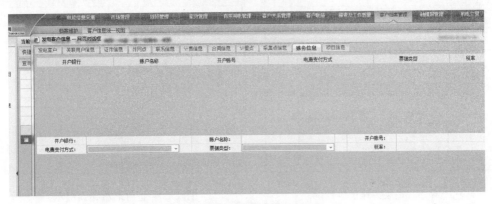

图 6-27 客户信息统一视图

2. 分布式电源档案同步财务管控系统

分布式光伏档案同步财务管控系统如图 6-28 所示。

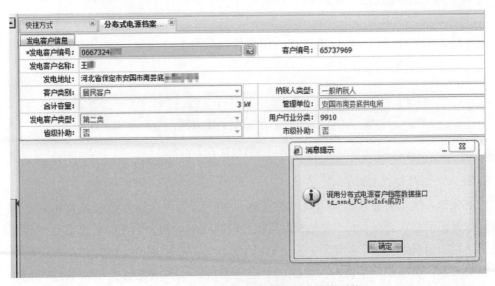

图 6-28 分布式光伏档案同步财务管控系统

四、常见错误

（一）常见档案传递接口错误

1. 中央补助模式错误

报错信息中有 cen_gov_sub 提示，表示中央补助模式不能选择其他，只能选择度电补助、金太阳、金屋顶。档案传递接口错误如图 6-29 所示。

2. 项目申请时间错误

报错信息中有 pro_app_time 提示，因为项目信息不完整，没有项目申请时间。

3. 证件名称错误

报错信息中有 cert_name 提示，因为证件信息不完整，用户证件名称不存在。证件名称错误提示如图 6-30 所示。

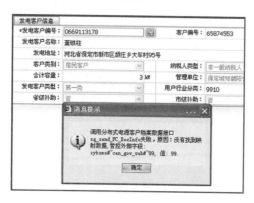 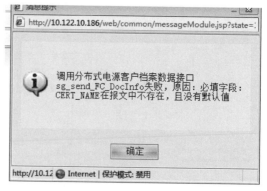

图 6-29　档案传递接口错误　　　　图 6-30　证件名称错误提示

4. 项目开工建设时间错误

此错误是由于项目信息中项目开工建设时间为空，导致报错，维护后重新传递即可。

（二）常见结算数据传递问题

1. 传入的补助项目信息不存在

属于档案未传递错误，可以重新传递用户档案后再进行应付信息传递即可。补助项目信息不存在提示如图 6-31 所示。

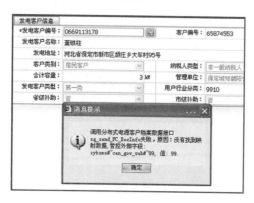

图 6-31　补助项目信息不存在提示

2. 传入的应付标识已存在

目前营销系统与财务系统采用规定的传输模式，营销发送结算数据给财务后，财务在接收到并返回消息，要在 5min 内完成，当超过时间限制，则会出现财务已收到但营销未收到返回结果的情况，但不影响结算。

解决方案：若出现此错误说明数据已到财务系统，不影响结算。传入的应付标识已存在提示如图 6-32 所示。

图 6-32　传入的应付标识已存在提示

3. 发电客户编号，没有找到映射数据

问题原因：由于财务系统程序错误，财务集成平台与管控系统数据不一致导致。可以重新传递报错中的用户档案信息给财务系统后即可。若再行报错，可能是档案问题，存在用户档案未传递导致发送报错。没有找到映射数据提示如图 6-33 所示。

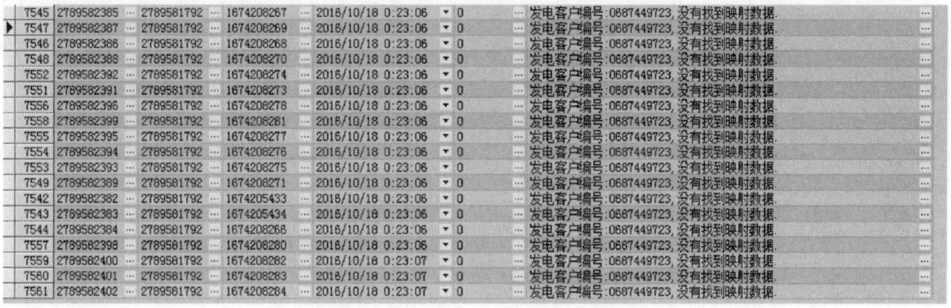

图 6-33　没有找到映射数据提示

4. 用户应付信息传递时信息不一致

用户应付信息传递时显示："传入参数的值在单据主表不存在，但两个子表中均存在。此问题是说明财务系统已经存在用户数据，可以联系财务系统核实处理即可。已将此问题反馈给财务厂家，财务表示会开发程序解决。用户应付信息传递时信息不一致如图 6-34 所示。

图 6-34　用户应付信息传递时信息不一致

五、常见咨询问题

1. 存在用户营销推送数据不应有税额但是有税额或者应有税额但是实际没有怎么办？

答：此情况应属于用户档案错误导致，应核实分布式用户营销档案中账务信息中执行税率是否正确，目前处理方案有在营销系统中走全减另发流程，全减用户电费后，重新计算后再推送到财务系统。如果数据时间较远，因每次全减是全减最后一笔电费，需要走追退费流程。

2. 光伏发电用户从营销往财务管控推送数据时，会提示电费异常或电量异常，两边数值不等，怎么解决？

答：目前财务系统反馈数据异常会有以下 3 种情况：

（1）电量异常：上网电量大于发电量。这一般是营销的错误，应该由营销重新传数据。抄表错误，建议全减另发重新抄表，目前此类用户已不让发行。

（2）双方的电费金额不等。一般是营销大于管控，通常是由于营销有一部分结算的金额是上一年的，因上一年的电价高，所以造成和管控的计算金额不一致。

此情况是由于调价引起，一般出现在电价调整月份的结算，在营销业务属于正常情况。如果费用不对，只能在营销退补后重新传给财务。

（3）补助金额不一致。是由于管控的补助标准分为中央补贴、省政府补贴、市政府补贴，而营销把央补等补助合到了一起。

所有这些情况都需要与营销核对，具体情况具体解决。

营销目前只有中央补贴和省政府补贴，补助项也是拆开的。

3. 分布式电源用户每月自动由SG186推送至财务管控系统结算，但是推送用户和数据不完整导致用户电量无法结算。

答：营销系统传递给财务系统应付数据是在每天凌晨，推送前一天结算数据给财务。如果存在本单位用户在财务系统不存在或营销档案不全。可能导致未传递成功，可以使用当前位置：电费收缴及营销账务管理≫营销账务管理≫功能≫应付信息发送进行传递即可。

4. 目前，SG186系统内的退补流程，是针对正常用电客户的，并没有针对发电客户（光伏）的退补流程。当前位置：核算管理≫电费退补管理≫功能≫退补申请，如图6-35所示，如何发起退补流程？

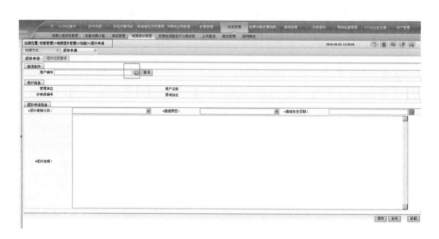

图6-35 退补流程提示

答：注意此位置不要点图6-36中的加号查找，直接输入"发电客户编号"，敲击回车键查询出用户信息。选择退补差错分类等信息后，后续操作与用电客户退补流程操作一致。如图6-36所示。

5. 不同类型客户电费退补应付信息中金额正负的含义是什么？

答：发电客户（光伏）实际与用电客户业务操作基本一致，唯一区别只在于金额的展现形式。如补助金额为200元（正值），则表示此费用为支付给发电客户的金额；补助金额

为－200元（负值），则表示该费用为收取发电客户的金额。电费退补应付信息示意如图 6-37
所示。

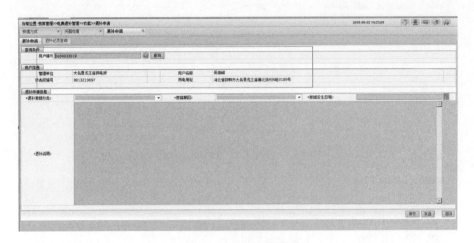

图 6-36 退补申请界面

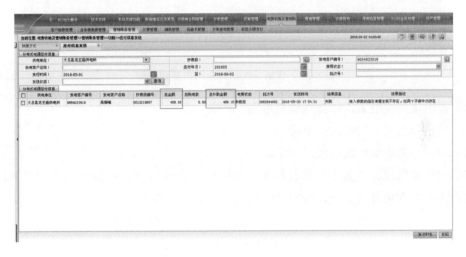

图 6-37 电费退补应付信息示意

6. 发电客户的退补和电费信息如何查询？

答：当前位置：电费收缴及营销账务管理≫辅助管理≫功能≫收费综合查询。

在【发电客户电费信息】菜单页输入需要查询的用户编号，选择起止年月点击查询按
钮，如图 6-38 信息所示，右侧电费清单列可以点击"查看"详情。

7. 通过营销系统档案如何查询用户是自然人还是非自然人？

答：财务区分用户是自然人还是非自然人是根据营销系统档案用户类别判断。如截
图 6-39 中，除居民客户是自然人外，其他 2 种都是非自然人。

8. 简述分布式电源用户电费税率的计算公式。

答：分布式电源客户电量电费计算方法如下。

（1）购电量＝上网关口计量点抄见电量。

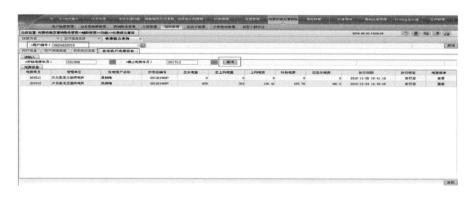

图 6-38 发电客户电费信息查询

图 6-39 营销系统档案中用户类别查询

（2）发电量＝发电关口计量点抄见电量。

（3）应付购电费＝购电量×电价。

（4）应付补助电费＝发电量×电价。

（5）对于非居民客户需要计算其税额，其电价为含税电价，所算出购电费及补助资金为含税购电费及含税补助资金，购电费税额与补助资金税额算法为

$$购电费税额＝(应付购电费×税率)/(1＋税率)$$

$$补助电费税额＝(应付补助电费×税率)/(1＋税率)$$

【思考与练习】

1. 对于全额上网用户如何进行电费和补贴的结算？

2. 对于余量上网用户如何进行电费和补贴的结算？

3. 简述分布式电源用户电费税率的计算公式。

参 考 文 献

[1] 吴琦，刘光辉，等. 国家电网公司生产技能人员职业能力培训专用教材 [M]. 北京：中国电力出版社，2010.

[2] 王炜. 营销业务操作手册业扩与用电检查 [M]. 北京：中国电力出版社，2013.

[3] 李景村. 防治窃电实用技术 [M]. 北京：中国水利水电出版社，2005.